究極燒肉技術教本

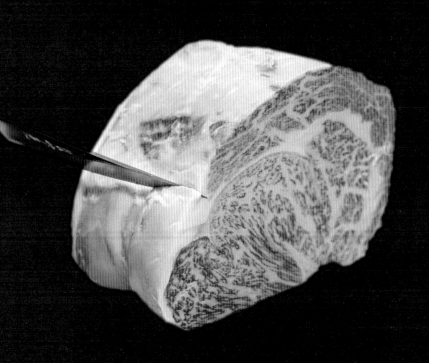

瑞昇文化

前言

「燒肉」究竟可以好吃到什麼程度呢——？

近來燒肉技術的進化可說是毫無止盡。

燒肉在本質上是一種烹調方法簡單的料理，

但也正因為如此，反而更顯其中的深奧。

可以說是一種光是稍微調整肉的分切方法、調味和燒炙方式

就能大大影響到美味程度的料理。

為此，必須要擁有能夠確實地「發揮出牛肉本身美味」的技術，

而燒肉專家們對於追求「美味燒肉」的探究之心，

更是為燒肉拓寬了新的可能性。

本書之中將會詳加介紹這些燒肉專家的各項技術。

現今燒肉業界中生意興隆且各領風騷的多間燒肉店家，

各自絲毫不留一手地公開自家的商品化技術。

如今的「燒肉」，在重視沿舊承襲下來的燒肉文化的同時，

開始邁向了新的舞台。

如果大家在探究各店的技術之餘，也能看見那些將技術付諸於其中的

燒肉專家們無止盡的探求心與熱情，就再好也不過了。

旭屋出版 編輯部

目錄

目錄

6

[閱讀本書須知]

- 處理肉品的時候，衛生管理是比任何事情都更重要的一件事。參考本書進行商品開發之時，請務必基於供應菜單的衛生安全上，在肉品進貨、保存、燒炙方法等方面都充分留意。

- 本書所收錄的菜單內容與售價，均為2018年12月採訪當下的資訊。根據進貨狀況與時期，肉品供應品項、分量與擺盤都可能有所變動。

- 收錄的菜單中，也包含不定期供應的品項，並不一定都會長期供應。

- 記載於書中的肉品部位，基本上主要是根據採訪店家所使用的「稱呼用語」，有可能會出現相同部位，但不同稱呼的狀況。

- 「PART I 10大人氣店家的商品化技術」中，雖然會和肉品部位名稱一同標示出肉的品質‧等級，但這只是「主要會使用的牛肉品種或等級」，並不代表一定會使用。

- 「正泰苑」與「燒肉乙ちゃん」的技術分別出自旭屋出版MOOK雜誌《燒肉店 第26輯》、《燒肉店 第24輯》裡的刊登內容，再加上新的採訪記事‧內容增修。

- 「PART II 燒肉套餐的建構組成」裡的「燒肉 西麻布 けんしろう」與「燒肉 威德」分別出自旭屋出版MOOK雜誌《燒肉店 第25輯》、《燒肉店 第24輯》裡的刊登內容，以該內容為基礎進行再次編輯。

依部位分類索引

將 PART I 中所介紹到的各店「燒烤技術」，依據部位分類羅列，彙整成索引。即便是相同部位，也可能會因各店獨有技術而使肉品的進貨狀態有所差異。此外，各部位的名稱主要依各店家慣用稱呼，也有可能會因為店家或地區而致使稱呼有所不同。

牛肉部位

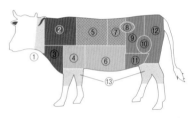

■ 肩胛部位
②肩胛肉
③肩肉

■ 後腿部位
⑨臀肉
⑩內後腿肉
⑪內腿肉下側
⑫外後腿肉

■ 牛腹部位
④牛中腹
⑥牛外腹

■ 腰脊部位
⑤牛肋脊肉
⑦後腰脊肉
⑧菲力

■ 其他
①肩頸肉
⑬牛腱肉

內臟部位

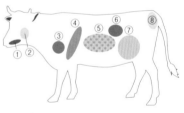

■ 牛舌
①牛舌

■ 腸的部位
⑦小腸、大腸

■ 心臟／肝臟
③心臟
⑥肝臟

■ 橫膈膜
④外橫膈膜肉（&內橫膈膜肉）

■ 胃的部位
⑤瘤胃、蜂巢胃、重瓣胃、皺胃

■ 其他
②牛頰肉
⑧牛尾巴

10大人氣店家的商品化技術

PART I

東京・
町屋、三軒茶屋

正泰苑

総本店・三軒茶屋店

正泰苑股份有限公司
執行董事・金日秀 先生

創業已逾 40 年的「正泰苑」第二
代。20 年前即構思出以山葵佐牛
肋脊肉的「鹽烤上等牛五花肉」等
菜單，時常摸索能讓人「烙印於腦
海中的菜式」。

守護城鎮裡備受愛戴的好味道
同時間，不斷地進化的
「正泰苑」的燒肉

仍舊留有町場懷舊燒肉風情的東京・町屋「正泰苑」是上一輩在這片土地所創業經營的燒肉店總店，身為第二代的金日秀在芝大門、銀座、新橋、豐洲……等地擴大經營，現在已坐擁七家店鋪。比較晚開的三軒茶屋店是間以秘密基地為主題，洋溢著玩心的分店，時常會提出多樣化的有趣方案。引進牛肋脊肉作為五花肉供應，搭配山葵醬油一起享用，這種在現在已是很理所當然的燒肉菜單，是店主金日秀約莫在20年前想出來的。顛覆了普遍將肋間肉與牛五花肉劃上等號的常識，促使這種能夠像鮪魚一般享用的燒肉成為備受矚目的對象。伴隨著這類新菜單的開發，不斷地拓展燒肉的可能性，也持續地守護著燒

肉沾醬享用的正統之道。雖然沾醬的味道隨著人們的喜好變化與使用的優質肉品而有少許改變，但也都是基於燒肉是「沾醬經燒烤過的醬香味、肉品經過燻烤後的肉香味」所建構而成的想法才做出的調整。

「正泰苑」自行做去脂去骨處理的牛肋部位，僅只有油花分布漂亮的牛肋脊肉與瘦肉部分相當美味的後腿股肉，金日秀會親自用雙眼嚴格挑選這兩個牛肉部位再行進貨。這是因為選定了特定部位，即便冷藏也能夠售完，而且還能夠穩定地維持相同的味道。這次，隨著切肉技巧的介紹，「正泰苑」的沾醬配方也一併公開。那其中包含了不少金日秀先生想將燒肉文化承繼下去的心情。

SHOP DATA 総本店

地址・東京都荒川区町屋 8-7-6
電話・03-3895-2423
營業時間・17 點〜 23 點 30 分
休息日・無休（年末年初休息）
場地規模・19 坪・40 席
平均單人消費・5500 日圓

SHOP DATA 三軒茶屋店

地址・東京都世田谷区太子堂 4-23-11 GEMS 三軒茶屋 9F
電話・03-6453-2939
營業時間・11 點 30 分〜 14 點 30 分（L.O.14 點）
　　　　　17 點〜 23 點 30 分
休息日・無休（休年末年初休息）
場地規模・30 坪・42 席
平均單人消費・5900 日圓

[分 割]

牛肋脊肉

瘦肉之中有著漂亮油花分布的牛肋脊肉塊，不但外觀看上去相當可口，需再做細部分割的部位也不多，所以對燒肉店來說算是較為容易處理的部位，容易商品化。「正泰苑」所處理的肉品由金先生跑遍芝浦市場的多家肉品批發商，以其專業的眼光篩選後進貨。

黑毛和牛A5

供應菜單

鹽烤上等牛五花肉 ▶ P.27
上等牛五花肉 ▶ P.29
牛肋條 ▶ P.28
牛五花肉 ▶ P.29

Point 去除軟骨

③ 牛肋條全部都撕下之後，確認是否有軟骨殘留在肉塊上面。

④ 這種軟骨就算烹烤之後，也會留在口中破壞口感，請仔細地去除。牛肋脊肉的處理中，這是最為重要的動作。

撕下牛肋條

① 拍攝時使用將近7kg的牛肉塊。一開始先切掉牛肋條的部分。這個尺寸的肉塊上大約有4～5條牛肋條。

② 用刀子切開牛肋條的根部。切開到能用手提起牛肋條時，就用手將它拉離肉塊。根部切開多少，就向上拉開多少。

剝除肋脊皮蓋肉、肋尖肉

Point 用手將肋脊皮蓋肉連同筋膜一起撕開

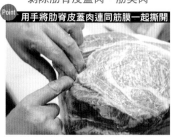

⑤ 接下來將肋脊皮蓋肉和肋尖肉除去。肉塊的斷面朝上，將手指插入肋脊皮蓋肉、腹脇肉之間。讓筋膜靠在要去除的肋脊皮蓋肉一側。

⑧ 用手撕開到腹脇肉的部分之後，再次用刀切除脂肪厚多的部分。

⑨ 除去牛肋條、肋脊皮蓋肉與腹脇肉之後的狀態。一口氣將肉處理到這個程度。

⑥ 一邊用手往外拉著撕開的地方，一邊用刀子切開肋脊皮蓋肉的兩端。

Point 用手拉著將兩邊撕開

⑦ 用刀切割開到一定程度之後，改用雙手將肉撕開。這個部分是牛肉筋膜交界處，所以可以輕易地用手撕開。

切下肩胛肉側的肋眼肉捲帶側肉	切下後腰脊肉側的肋眼肉捲帶側肉	分切成肩胛肉側和後腰脊肉側

Point 入刀時小心不要切到肋眼心

Point 察看肋眼肉的斷面做判斷

17 將刀子切進肋眼肉捲帶側肉的邊緣。跟「從後腰脊肉側」切入時一樣，需留意不要切到肋眼心。

13 從肋眼肉捲帶側肉的邊緣入刀。肋眼肉捲帶側肉的肉質非常地柔嫩，要是入刀太深很容易就會切過頭。

10 靠近肩胛肉和靠近後腰脊肉側斷面兩處的肋眼心面積並不同。照片中為後腰脊肉側。肋眼心的面積較大。

18 將切口朝上擺放，一邊用手拉著肋眼肉捲帶側肉，一邊用刀子切除筋膜。

14 將切口朝上擺放，一邊留意不要切到肋眼心，一邊切離肋眼肉捲帶側肉。

11 肩胛肉側。肋眼心的面積較為狹小，覆於外層的肋眼肉捲帶側肉較多。肋眼心的側邊會有一小塊副肋眼心。

19 順著切割的角度轉動肋眼心，用刀子仔細地切離肋眼肉捲帶側肉，最後再整個完整切除。

15 用手剝開肋眼肉捲帶側肉的同時，用刀子將中間的筋膜也一併切除。

12 將肉分切成腰脊肉側與肩胛肉側。切之前先針對肋眼心的面積預估可以分切成幾等分。照片中在略為偏左的位置分切。

20 切下來的肋眼肉捲帶側肉。跟肋眼心連著的筋膜部分稍微有點硬，但是整體肉質是柔嫩的。

16 切到另一邊的邊緣後，將肋眼肉捲帶側肉整個切下來。

［分切成塊狀］

肩胛肉側　　　　　　　　　**切下副肋眼心**

5 將剩餘的肉塊一分為二。

1 分切肩胛肉側的肋眼心。首先確認表面是否有筋殘留，如果有筋殘留就剔除。

21 在肩胛肉側，有著從肩胛心部位延續過來的副肋眼心肉。用刀子沿著筋膜切入，將其切割取出。

6 分切成塊時，要儘可能地分切成相同大小。

Point 察看斷面的筋，決定如何分切

2 檢視牛肋心的斷面，根據內部筋的分布方式，思考應如何進行分切。

22 將刀子沿著筋膜去切割，就能很完整地將副肋眼心切下來。

Point 確認是否有筋殘留

7 塊狀分切之後，再次確認表面是否有筋殘留。如果有筋殘留就剔除。

3 因為這邊有個較粗大的筋斜斜地分布，所以在此沿著筋的走向進行切割，切下一大塊肉來。

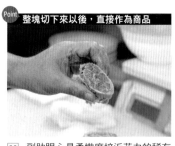

Point 整塊切下來以後，直接作為商品

23 副肋眼心是柔嫩度接近菲力的稀有部位。在銀座店會特別將其單獨商品化供應。

8 肋眼肉捲帶側肉也進行分切。連接牛肋條的邊端帶有稍硬部分，有時也會附著骨膜，所以將此部分切除。

4 接著從剛剛最開始斜斜下刀的地方，垂直向下做切割，切下另一塊肉。

後腰脊肉側

5 將分切最後剩下來的一塊肉呈現斷面朝上的狀態，分切成二等分。後腰脊肉側的分切便到此為止。將肋眼心分切成了五等分。

1 後腰脊肉側的肋眼心斷面較大。配合這個大小，將其分切成五等分。首先從有筋的地方下刀。

Point 將其分切成三等分

9 將肋眼肉捲帶側肉作為「牛五花肉」供應。為讓斷面大小整齊，平均分切成三等分。

Point 分切肋眼肉捲帶側肉

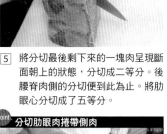

6 將肋眼肉捲帶側肉分切成四等分，分切時須儘量令斷面大小一致。

Point 將附著筋的部分切除

2 分切下來的肉塊上面有著錯雜分布的筋，因為這些筋會影響口感，所以將其切除。

10 塊狀分切之後，同樣也進行修清處理，將附著筋膜的地方剔除。要如何順利地將牛肋脊肉部位的筋膜切除，是一項相當重要的作業。

Point 把筋和油脂部分切除

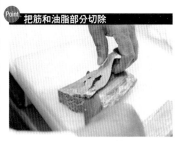

7 為分切好的肉塊進行筋與油脂的清除。

3 接下來在已分切掉肉塊的旁邊位置，切下一塊肉。將分切下來的肉塊邊緣的筋也一併去除乾淨。

肩胛肉側的肋眼心斷面較小。肋眼心分切成四等分。肋眼肉捲帶側肉分切成三等分。

在此將肋眼心分切成五等分，肋眼肉捲帶側肉分切成四等分。為避免直接讓肉接觸到調理盤，墊上瀝水墊再將分切好的肉擺放上去。

4 進一步切下旁邊位置的肉塊，須儘量讓斷面呈現相同大小的狀態。將殘留在表面多餘的油脂去除乾淨。

［修清牛肋條］

分切肋脊皮蓋肉、肋尖肉

1 將自牛肋脊肉取下的牛肋條做修清處理。一開始先割除上側的筋。

5 肋脊皮蓋肉面積較大，所以直向分切成二等分。

Point 先將連著牛肋條的部分切除

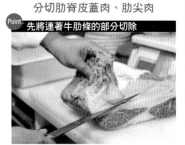

1 這部分是將牛肋條自肋尖肉切掉後所剩餘下來的根部部位。此部分多少還留有些肉，所以切下來作為牛肋條使用。

Point 將骨膜去除

2 牛肋條側邊殘留著骨膜。將覺得應該剔除的部分一併清除乾淨。

6 將邊端較硬的部分切除，分布於表面的油脂也做修清處理。此處的油脂若是清除得太過乾淨會損及風味，所以留下少許油脂。

Point 將附著在肋脊皮蓋肉上的筋膜剔除

2 由於之前分切時，將肋脊皮蓋肉與肋眼心之間的筋膜也一起切下來，所以將刀劃入筋膜與肋脊皮蓋肉之間，割除這一大片的筋膜。

Point 切掉牛肋條後的剩餘部分也加以活用

3 切掉牛肋條之後所餘下的根部部位，也歸入牛肋條範疇。將油脂過厚的部分切除後，分切成適當的大小，剔除筋膜。

肋脊皮蓋肉分切成二等分，肋尖肉則維持原狀不分切。肉質稍硬，所以作為普通牛五花肉使用。

3 大致剔除筋膜以後，將肋脊皮蓋肉與肋尖肉切開。兩者之間的風味稍有不同，肋尖肉的風味濃郁、肉質較硬。

牛肋條修清完成的狀態。切除下來的牛肋條的根部部位、肋眼肉捲帶側肉的邊端部位、副肋眼心的部位也都作為牛肋條使用。

4 為肋尖肉做修清處理。將表面仍舊殘留的硬質筋膜確實剔除乾淨。

［分切牛肋條］　　　　［分切牛五花肉］

牛肋條的根部

1　牛肋條的根部部位、肋眼肉捲帶側肉的邊端部位、副肋眼心等，都歸於「牛肋條」範疇。牛肋條的根部部位有筋分布於其中。

Point　從中劃入刀痕把筋切斷

2　為了不讓分布於其中的筋破壞口感，在每片分切肉片之間劃入刀痕。先劃下一刀深度不至於會把肉切斷的刀痕。

3　接著再落下另一刀把肉整片切下來。藉由從中劃入刀痕，把裡面的筋切斷。

4　↓　E　將3切下來的肉片從中間刀痕打開的樣子。牛肋條的根部部位風味濃郁，藉由將其切成具有一定程度的厚度，讓顧客能享用到咀嚼時於口中擴散的濃郁滋味。

上等牛五花肉

1　↓　C　作為「上等五花肉」合併供應的是肋眼心與肋眼肉捲帶側肉。分切肋眼心時，讓刀身與肉塊呈垂直狀態下刀，切成略薄的肉片。一片肉約18公克。

2　↓　D　肋眼肉捲帶側肉的切面比肋眼心小，用厚切來呈現出分量感。一片肉約22公克。

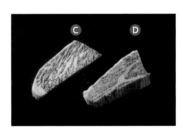

上等牛五花肉切片

肋眼心（右）與肋眼肉捲帶側肉（左）的分切肉片。藉由厚度上的調整來做出變化。

牛五花肉

1　店內的牛五花肉菜單分成了「普通牛五花肉」與「上等牛五花肉」兩個種類。而作為「普通牛五花肉」供應的是肋脊皮蓋肉與肋尖肉。

2　↓　A　肋脊皮蓋肉與肋尖肉的肉質柔軟度稍有不同。肋脊皮蓋肉的肉質比肋尖肉稍微軟一點，所以可以切得稍微厚上少許。

Point　不同的厚度，口感也會有差異

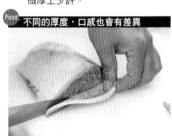

3　↓　B　肋尖肉的肉質比肋脊皮蓋肉稍硬一點，為了讓肉吃起來不會有太大的差異，所以把肉切得薄一些。

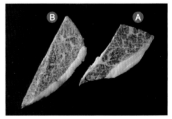

普通牛五花肉切片

肋脊皮蓋肉（右）與肋尖肉（左）的分切肉片。配合肉質柔軟度的不同，在分切時做厚度上的調整。

副肋眼心

12 自肩胛肉側切離下來的副肋眼心，因為肉量不多，所以也歸入牛肋條之中。將表面進行修清處理。

13 切成易於食用的大小。因為副肋眼
↓ 心的肉質柔嫩，切得稍微厚一點也
H 無妨。

共有四個部位作為牛肋條供應。按照部位逐一進行分切並擺放成一整行。擺盤時只需直向拿取，就能讓每盤肉都平均地擺上四個部位的肉。

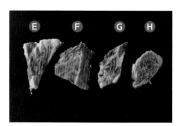

牛肋條切片
照片裡由左自右分別是牛肋條的根部部位、牛肋條、肋眼肉捲帶側肉的邊端部位、副肋眼心。按照肉質做出相應的分切調整。

肋眼肉捲帶側肉的邊端部分

9 切除下來的肋眼肉捲帶側肉邊端部位也作為牛肋條供應。儘量將肉切得大塊一點的同時，也要顧及纖維紋理的走向再下刀。

Point 傾斜刀身讓切面變大

10 採用斜切的方式，讓刀子入刀時與肉的纖維紋理成垂直狀態。

11 若是順著纖維紋理平行分切的話，
↓ 就會令油花也成橫向走向。垂直纖
G 維紋理切下，也能讓油花的分布看起來較為漂亮。切下來的肉片也擺進5的調理盤之中。

Point 想好盛盤方式再將肉擺進調理盤中

5 從一個角落開始，將分切好的肉整齊地擺放上去。為了要在盛盤時，四個部位的肉都能平均地各取上一片，這個作業程序便顯得相當重要。

6 牛肋條的纖維紋理走向會在途中發生改變。分辨纖維的走向進行分切。照片中是為了切斷纖維而採取斜切。

7 肉的纖維紋理走向漸漸地有所改變。為了令刀子能垂直纖維下刀，將肉塊轉向，改從反方向進行分切。

8 由於牛肋條內部有筋分布於其中，
↓ 所以每分切下一片肉，就在肉片上
F 面斜斜地劃入刀痕。切下來的肉片，依序擺進5的調理盤之中。

下後腰
脊角尖肉

瘦肉部分使用進貨時就已經分切出來的內腿肉下側部位。內腿肉下側部位中的下後腰脊角尖肉雖是瘦肉，卻容易有油花分布於其中，擁有彈牙口感的同時又柔嫩可口。在店內作為「上等腿肉」供應。三角形的外觀為其特徵，分切時妥善運用其外觀形狀進行商品化。

黑毛和牛A5

供應菜單
上等腿肉 ▶ P.30

Point 待切面變得完整後，改採一般的切法

5 當斷面跟肉塊呈現垂直狀態後，改
↓ 變肉塊的擺放方向，刀身垂直地向
C 下分切。

6 在開門營業之前，先將不容易分切的部分切好，再把切面變得完整的中心部分妥善存放。如此一來，即便百忙之中有顧客點餐，也能迅速地進行分切。

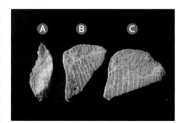

7 將切面大小相當的肉片橫向擺放在旁邊。盛盤時直向拿取一整列，令每盤肉分散地有著的大小不一的肉片，讓每盤肉之間不會有太大的差異存在。

上等腿肉切片

分切時慢慢改變刀身傾斜角度所切出來的下後腰脊角尖肉切片。難以切出較大切面的邊角部位採取厚切，隨著切面慢慢變大而漸漸越切越薄。

Point 從邊角開始分切成四等分

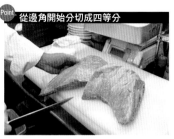

1 在已是修清完成的狀態下進貨。這是個很難將肉分切一致的部位，特別是邊角部分更難分切。

2 儘量分量平均地分切成四等分。

Point 不斷改變刀子的角度進行分切

3 雖然邊角部分不容易分切，但如果
↓ 只想選用形狀好的部分，就會令可
A 以使用的肉量過少。分切邊角部分的時候傾斜刀身下刀，斜切成稍微有些厚度的肉片。

4 由於切面漸漸變大，所以跟著慢慢
↓ 立起刀身。分切的厚度也隨之一點
B 點地變薄。

[刻 劃 刀 痕]

牛瘤胃

有著富含彈性的獨特口感與高雅的清甜感。即便在牛內臟的菜單中屬於高價位，也仍擁有很多愛戴者。店內會將牛瘤胃薄的部分跟有厚度的部分，平均地盛放於盤中，儘量讓每盤肉之間不會有分布不均的狀況。劃上刀痕令牛瘤胃易於咀嚼食用的工夫必不可少。

日本國產

供應菜單
上等牛瘤胃 ▶ P.30

⑤ 以等距的間隔劃上刀痕，但若遇到較硬的部分，則劃上稍加細密的刀痕。刀痕的深度深到不將牛瘤胃切斷。

① 在已是修清完成的狀態下進貨。將嚐起來口感不是很好的外側邊緣部分切除。

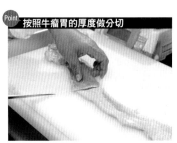

Point 按照牛瘤胃的厚度做分切

⑥ 將刀身與已經斜向劃好的刀痕呈90度，劃出格子狀刀痕。

② 最終盛盤時，要讓顧客平均地享用到牛瘤胃薄的部分跟有厚度的部分。為此，先按照部位的厚薄進行分切。

Point 在背面也劃上刀痕

⑦ 有的店家只會在其中一面劃上刀痕，但正泰苑店內會在雙面都劃上刀痕，以期在入口時有更佳的口感。

③ 有厚度的部分嚐起來特別美味。將有厚度且較狹長的部分縱向分切成二等分。

Point 劃上格紋刀痕使其變得易於食用

⑧ 牛瘤胃較薄的部位（上）與較厚的部位（下）也都分別劃上刀痕。

④ 有著富含彈性的獨特口感。藉著劃上刀痕讓這樣的口感變得較易於食用。刀身垂直地從其中一邊開始斜向劃下等距的刀痕。

牛內臟的調味佐料

令人上癮的青辣椒

正泰苑

為了令內臟肉嚼起來更為美味而調配出來的調味佐料。以韓國產青辣椒的鮮翠辣度與鮮明強烈的辣味所製成的調味佐料，不僅適合用來為內臟肉進行調味，就連一般肉的燒烤料理也十分對味。

▪ 材料（前置準備用量）
青辣椒（韓國產）⋯700g
沙拉油⋯15g
濃口醬油⋯20g
酒⋯5g
辣椒素辣醬⋯1〜5g
鰹魚風味調味料⋯10g
柴魚粉⋯3g

▪ 作法

1　將青辣椒切成細圈狀。

2　將濃口醬油、酒、辣椒素辣醬、鰹魚風味調味料混合在一起。

3　在鍋中倒入沙拉油熱鍋，放入青辣椒拌炒。炒軟之後，將2的調味料加進去翻炒。

4　將柴魚粉加進去均勻拌炒後離火，置於常溫中放涼。待放涼以後，裝進密封容器中保存。

5　分切時將薄牛瘤胃與厚牛瘤胃疊加擺放，收到顧客點餐後，上下疊加在一起整份取出。也能在忙碌狀態下，減少盛盤時部位分布不均的狀況。

6　一份約90g。藉由薄牛瘤胃與厚牛瘤胃一起盛盤供應，能夠確保品質的穩定，不會讓顧客產生「上次吃到的比較好吃」的想法。

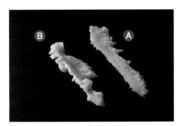

上等牛瘤胃切段
考量肉質的軟硬程度進行分切。牛瘤胃薄的部分做薄切，厚實而柔軟的部分做厚切，呈顯多重口感。

[分切]

Point 將較硬的部分切得薄一點

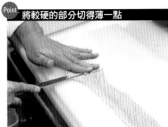

1　首先從牛瘤胃較薄的部分開始進行
↓　分切。因為肉質稍硬，所以傾斜刀
A　身進行薄切。

2　將分切下來的牛瘤胃，一片片不重疊地平鋪在墊了瀝水墊的調理盤上面。

Point 分切的厚度依照牛瘤胃厚度做調整

3　接著分切較厚的部位。此部位比較
↓　薄的部位更軟，所以切得稍微厚一
B　點。

Point 藉由擺放方式提高盛盤時的效率

4　將分切下來的較厚部位，依序重疊擺放在2的薄牛瘤胃上面。

醃肉醬分成兩個階段完成。先加熱讓味道調和穩定下來，待收到顧客點餐時，再將邊使用邊添加補足的「基底醬油」裡，加入壓碎的大蒜、炒白芝麻、蔥花等等的調味佐料增添「辛香風味」。其醬油的熟成風味與調味佐料的新鮮芳香，能夠讓肉更顯美味。

醃肉醬的前置準備

於前置準備所調製的醬汁也很重視香味。藉由「追加補足醬油」來帶出醬油香。

▪ 材料（前置準備用量）

※拍攝當下分量減半

材料	分量
三溫糖	3.6kg
濃口醬油	3.6L
味醂	1.8L
酒	1.8L
紅葡萄酒	1.2L
水	1L
濃口醬油	3.6L

▪ 作法

1 將三溫糖、濃口醬油3.6L、味醂、酒、葡萄酒、水倒進鍋中，開火之前先用打蛋器攪拌，讓三溫糖溶解。

2 開大火將醬汁煮滾。煮滾以後再仔細攪拌，將酒精煮到揮發。接著再進一步點火揮發鍋中酒精。

3 待酒精揮發掉以後，轉為小火，繼續熬煮5分鐘左右再關火，置於常溫中冷卻。冷卻之後再倒入剩餘的濃口醬油，移到密封容器裡面，冷藏保存。

Point — 將肉浸附醬汁以使肉分開

5 將醃肉醬汁混合均勻之後，先讓肉片浸附過醃肉醬。這樣一來肉片就不會黏在一起。照片中的是以「中等腿肉」（內腿肉下側）為例。

6 將一盤份的肉都各別浸附過醃肉醬之後，再酌量補足醬汁。

Point — 藉由手的溫度讓肉吸收醬汁

7 確實地用手揉拌讓肉吸收醬汁。查看肉片吸收醃肉醬的狀況，若醬汁不夠則酌量補足醬汁。

8 待肉片確實入味以後，擺入盤中。如果使用的是上等牛五花肉（肋脊肉）這類油花分布較多的部位，醃肉醬裡面就不會添加麻油，醃肉也只浸附過醬汁即可。

最後加工 ※以「中等腿肉」（內腿肉下側）為例

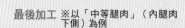

1 收到顧客點餐之後調配醃肉醬。將大蒜壓碎以後，加進前置準備先做好的醬汁裡。

Point — 加入炒過的白芝麻增添香氣

2 加入黑胡椒、白芝麻、芝麻油。白芝麻會在每天開門營業之前先將當天所需的分量炒好。這是為了要將當先現炒的芝麻香味加進醬汁裡面。

3 將切成蔥花的蔥白加進去。

4 最後加工製作的醃肉醬調配基準為，前置準備的醬汁180ml，加上大蒜4g、黑胡椒撒4次、炒白芝麻15～20g、芝麻油15g、蔥花20g。

牛內臟肉用的醃肉醬，由總店統一進行前置準備，以此守護前一代所傳下來的好味道。使用到了味噌、味醂、醬油、砂糖、苦椒醬等調味料，並添加了番茄醬以增添酸味與甜味，讓醬汁噌起來更有深度。每次點餐再補上辛香料做最後的加工。

5 由於加了芝麻油之後就不容易做風味上的調整，所以芝麻油留在最後面才添加。

最後加工　※以「上等牛瘤胃」為例

1 每次都依照所需的用量，酌量舀取前置準備的醬汁，進行後續調味。

6 將分切好的牛內臟放到 5 的醃肉醬裡面，用湯匙舀起醬汁均勻。最後加工製作的醃肉醬調配基準為，前置準備所調製的醬汁 90ml，加上大蒜 2g、Tategi 韓式辣醬 2g、黑胡椒撒 4 次、辣椒粉撒 4 次、酒 10g、芝麻油 5g。

2 將大蒜壓碎加進醬汁裡面，用以增添香味。

3 加入自製的韓式辣醬 Tategi。Tategi 是一種混合了辣椒、大蒜、鹽、芝麻油所調製出來的調味料，可以作為沾醬基底或湯底。

4 加進酒、黑胡椒、辣椒粉，均勻混合。

醃肉醬的前置準備

以小火慢慢地慢熬，調製出溫和醇厚的風味。承襲前一代使用的味噌與番茄醬是風味上的重點所在。

▪ 材料（前置準備用量）
苦椒醬…120g
辣椒粉…24g
味之素味精…80g
大蒜泥（用打成泥）…72g
番茄醬…760g
黑胡椒…4g
上白糖…3.6kg
竹屋味噌…4kg
味醂…1440ml
濃口醬油…3.6L

▪ 作法

1 將所有的材料放入鍋中混合，用打蛋器確實攪拌均勻。

2 開大火熬煮，並且用打蛋器攪拌以避免燒焦。煮沸之後轉小火，繼續熬煮25分鐘。

3 待醬汁呈現滑順光澤狀態之後，即可關火。每隔5分鐘就攪拌一次，讓醬汁逐漸冷卻。

4 醬汁放涼之後，裝到琺瑯材質的容器之中。牛內臟用的醃肉醬由中央廚房統一製作，再將各店所需的量配送到店內。

在靜置三天的醬汁裡，於供應之前以水果增添鮮甜、多汁與香味，是「正泰苑」的沾肉醬作法。將檸檬、蘋果、生薑磨成泥，連同果肉一起添加進去的水果風味，會給人一種清爽的餘韻，烹製出令人上癮的燒肉。

■ 材料（前置準備用量）
生薑…100g
檸檬…3 個
蘋果…2 個

(A)	細砂糖…2kg
	紅葡萄酒…0.6L
	味醂…0.9L
	水…1.1L
	濃口醬油…3.6L

（最後加工用量）
前置準備的醬汁…1L
生薑泥（用調理機打成泥）…20g
檸檬…1/2 個
蘋果…1/2 個

最後加工
※當天做最後加工所製作的沾肉醬，分量會按照各家店鋪的規模與預約狀況調整。

Point 最後加工也添加水果

1 沾肉醬會在開門營業之前，將當天所需的分量製作起來。藉由添加檸檬和蘋果的酸味與果香、生薑的風味，製作出風味清爽的沾肉醬。

Point 加入果泥增添「新鮮現做感」

2 檸檬連同果肉一起磨成泥，藉以添加酸味與清雅的果香。蘋果則連皮一起磨泥。這種新鮮現磨的果泥能為沾肉醬增添新鮮的果香。

3 將磨成泥的檸檬、蘋果、生薑，加進前置準備的醬汁裡，確實混合均勻。

4 在經過靜置的醬汁裡面，加進新鮮的果泥。藉由這樣的組合搭配，製作出滋味豐富的沾肉醬。

前置準備

Point 使用沒有什麼雜味的細砂糖

1 將(A)的材料放到鍋中，確實攪拌讓細砂糖溶解。使用不含汙垢的細砂糖，製作出細緻乾淨的風味。

2 將生薑片、檸檬片、蘋果片加進1裡面，開大火。

3 煮沸之後，轉為小火，繼續再煮5分鐘左右。

Point 將醬汁靜置，令味道調和穩定下來

4 裝到琺瑯材質的容器之中，於常溫之中靜置三天。過濾之後再做後續使用。

桌用沾醬組合

一人份的沾醬組合，分別盛放著刺身用醬油、沾肉醬、檸檬。沾醬盛在桌用小碟子裡，擺在餐桌上面，依照沾用狀況添加補足。

鹽烤上等牛五花肉

1/00 日圓（稅外）

成為「正泰苑」一大轉折點的正是這道，將牛肋脊肉作為五花肉供應，並佐以山葵醬油享用的燒肉料理。雖然現在有的燒肉店已理所當然地與山葵一起搭配，但是在 20 年前卻是相當新穎而備受議論的做法。將肉放在烤網上面，再擺上山葵泥釋放出香氣。沾著刺身醬油一起享用。僅以鹽巴事先調味，藉此帶出肉的鮮甜滋味。

食用方法

每盤肉都隨盤附上的山葵泥，盛放在如膠囊般小容器中，將香味與辛辣完整封藏。混合了山葵莖部與新鮮山葵，讓人能夠品嚐到略帶顆粒口感的樂趣。

牛肋條
1250日圓（稅外）

處理牛肋脊肉的途中所切下來的肉質稍微硬一點的部分、零碎的部分也合併在裡面一起提供。除了牛肋條之外，還包含了肋眼肉捲帶側肉、肋脊皮蓋肉、副肋眼心在內，共四種類的肉，是一道可以同時享用到數種肉質的燒肉料理。按照各部位的肉質調整分切的方法，下足工夫讓肉變得易於食用。在調味上面可以選擇醃肉醬或鹽巴。

「正泰苑」的燒肉，無論是以醃肉醬或鹽巴調味都要醃漬入味。用鹽巴調味的話，為了不讓味道出現落差，使用鹽水，並加進酒、鮮味調味料、黑胡椒、大蒜泥、生薑泥、炒芝麻、蔥花，確實抓醃入味。抓醃好了之後再淋上芝麻油覆於表面。

上等牛五花肉
1700 日圓（稅外）

將三片肋眼心、兩片肋眼肉捲帶側肉盛裝入盤「上等牛五花肉」。可以切出較大切面的肋眼心切薄片，肋眼肉捲帶側肉則切厚片，如此一來，一盤肉不僅可以吃到兩種部位的肉，還能嚐到享用不同口感的樂趣。因為店內有另一道「鹽烤上等牛五花肉」，所以此道燒肉採醬汁調味。肉片不抓醃，僅浸附過醬汁的程度即可，供顧客欣賞其漂亮的油花分布。

牛五花肉
1150 日圓（稅外）

將牛肋脊肉的肋脊皮蓋肉和肋尖肉作為「牛五花肉」供應。牛肋脊肉沒有太多可以再細分的部位，所以很容易分切成商品。上等牛五花肉選用的是軟嫩的肋眼心與肋眼肉捲帶側肉，而作為普通上等牛五花肉供應的則是肉質略硬的肋脊皮蓋肉與肋尖肉，藉由這樣限定部位，就能經常供應味道穩定的肉，不至辜負顧客。以醬汁調味做供應。

上等腿肉

1650 日圓（稅外）

選用在瘦肉之中也肉質
軟嫩多汁、沒有什麼特
殊味道的下後腰脊角尖
肉。將自內腿肉下側分
切下來的部位進行商品
化。

上等牛瘤胃

950 日圓（稅外）

用足量醃肉醬抓醃的滑順光澤模樣。用能夠傳達出醬汁美味程度的
擺盤方式提供。牛瘤胃本身沒有什麼特殊氣味，嚐起來的味道也較
為平淡，所以和風味濃醇的味噌醃肉醬相當搭配。因為相當具有彈
牙口感，所以劃上細細的刀痕，讓牛瘤胃更易於食用，也更容易沾
附醬汁。

鹽烤皺胃
〜佐附魔法辛香料〜
750 日圓（稅外）

基於想要讓牛皺胃變成更下酒的燒肉料理而開發出來的正是這款辛香料。受到中國用在羊肉料理上的辛香料啟發，在辣椒粉或大蒜粉上，加上孜然籽、紫蘇粉等具有民族風的香味更添香氣。孜然籽咬碎時，會有一股清爽的香氣在口中擴散。為彈牙的牛皺胃增添亮點，令人吃完以後為之上癮而備受好評。

燒烤方式

以擺在烤網角落烤乾牛皺胃的方式燒烤，烤好以後撒上辛香料增添香味。

從超值午餐到佐餐葡萄酒，發展出以牛肩胛部位為首的多彩菜單

金海博先生於5年前自上一代手中繼承此店。集中以富個性化的牛肩胛部位為主採購進貨，利用構思巧妙地編入菜單之中，並大幅度地進行店內的改革，使來客數隨之增加，營業額也跟著提升。時至今日，平日午餐時間可以有兩次的翻桌率，休假日則可以有三次翻桌率。

牛肩胛部位裡面，包含了「牛肩頸肉、牛肩胛肉、牛腹肉、牛肋條，以及牛下肩胛肋眼心等部位」，從高性價比的超值午餐到含有高級部位的燒肉菜單，按照每個部位的肉質下去分切成，作為商品提供。約30kg的肉一天就可以售罄。採購時會向業者提供照片，清楚地告知用於「海南亭」肉品分切法與金酒的愛酒人士。

海博先生喜好採買的油花分布程度與肉質。甚至，會請業者送來多達10塊完整的牛肩胛部位，讓擁有肉博士1級資格的金海博先生親眼鑑定挑選，時而試吃確認，不聽信肉品的等級而是認真地去選購優良牛肉。每月約這樣採購900～1000 kg，這是與業者之間培養出深厚的信賴感才能做到的事。

店裡所提供的佐飲葡萄酒套餐也很受歡迎，以擁有日本侍酒師檢定證照的金海博先生為首，以及兩位同樣擁有證照的員工，為顧客推薦適合佐搭燒肉套餐的葡萄酒。以將頂級葡萄酒倒入酒杯之中的方式少量販售，也攫獲了喜愛葡萄酒的愛酒人士。

SHOP DATA

地址・大阪府大阪市天王寺区小橋町 3-15
電話・06-6761-2220
營業時間・11 點 30 分～15 點（L.O.14 點）
　　　　　17 點～22 點 30 分（L.O.21 點 30 分）
休息日・星期三
場地規模・[1F]5.6 坪・24 席、[2F]10 坪・32 席、[3F]10 坪・30 席
平均單人消費・中午 2000 日圓、晚上 7000 日圓

店主・金海博先生

自1962年創業的燒肉老店「海南亭」的第三代店主。自5年前正式繼承家業之後，就藉由更新店內菜單、引進高性價比午餐提升來客數與提高營業額，並隨之擴大規模。擁有日本侍酒師檢定證照，能夠為燒肉推薦適合佐飲的葡萄酒，追求燒肉的新穎可能性。

牛肩胛部位

在關西地區稱為「クラシタ（鞍下）」的部位，指的就是肩胛部位。可以分切出肉質特性不同的肩胛肉、腹肉、下肩胛翼板肉、牛肋條、肋眼心等，有著油花分布的部位、有瘦肉的部位。店內按照各種肉質商品化，提供近10種的燒烤料理。

黑毛和牛A5

供應菜單

上等無骨牛五花肉（肋骨）▶ P.47
上等牛腹肉（腹脇）▶ P.49
牛肋條（肋骨）▶ P.46
特選無骨牛五花肉（背脊）▶ P.47
特選下肩胛翼板肉（背脊）▶ P.48
薄切肋眼心（背脊）▶ P.48
鹽烤厚切里肌（背脊）▶ P.45
上等牛肩胛肉（背脊）▶ P.49
肩瘦肉（肩肉）▶ P.49
※各有「半份」、「單片」尺寸。

［進貨］

店內進貨的是附有牛肩頸肉的「牛肩頸分切肩胛部位」。面對新的進貨商時，也是提出相同的進貨規格單，於進貨前請廠商大致分裝成店內容易處理的包裝。肩頸分切為六塊，從肩胛部位上面切下來的肩胛上蓋肉分切為兩塊，共將肩胛部位分切成九個部位。由於這些肉會在自屠宰日起算的一個月為基準，於該期間放在店內經過靜置熟成之後再做使用，故而在未進行剔除筋與脂肪的狀態下進貨。拍攝當下是 A5 等級栃木和牛，重約 30kg 的包裝。

金海先生支解牛隻部位所使用的刀子並未開鋒。一方面是為了不傷害到牛肉，另一方面則是因為只要不弄錯分切的程序，自然就能順著可剝離之處進行支解，沒有切割的必要。對於店內員工也給予「支解牛隻並不是靠刀子切」的指導。

午間和牛燒肉定食

1000 日圓（稅外）

將原本很難作為燒肉食材，肉質非常硬的肩胛肉與肩胛上蓋肉，以專用的切肉機分切並劃入格子狀刀痕，作為一道可以享用到牛肉鮮甜美味帶來強烈滿足感的燒肉料理供應。牛舌 40g、瘦肉 120g，再加上白飯跟湯、三樣小菜、甜品、沙拉吃到飽以及飲料暢飲的十足分量感，受到來自當地家庭客群的支持。

［ 分 割 ］

分切成肩胛肉側與下肩胛翼板肉側

1. 在事先切下肩胛上蓋肉的狀態下進貨。將牛肋脊肉側朝向自己擺放，將手指插進肩胛肉與下肩胛翼板肉之間，將肉剝開。

Point 一邊將肉剝開，一邊用刀劃入

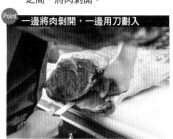

2. 將刀子插進已剝開的空隙之間，沿著肩胛肉劃開，將肉剝離至下側。

Point 下肩胛翼板肉側也剝離

3. 將整塊肉 180 度翻轉，讓肩頸側朝向自己，用手剝開肩胛肉與下肩胛翼板肉，把刀子插進去縫隙中。

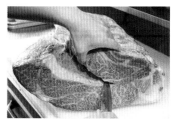

4. 由於是重達 30kg 的大型肉塊，所以也從肩頸側的側面著手將肉剝離。

Point 兩側都劃入刀子，剝離兩側

5. 分別從牛肋脊肉側與肩頸肉側將肉剝離的狀態。

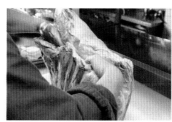

6. 把劃開的側面朝上，讓肉塊直立起來，將手插入下肩胛翼板肉與肩胛肉之間，大大地把縫隙撐開。

Point 用刀子將緊附的筋劃開

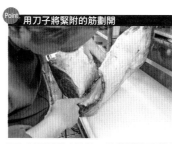

7. 以刀子從旁協助，繼續劃開下肩胛翼板肉側與肩胛肉之間。將肉剝離至接近牛肋條附近時，將肉恢復原本的位置。

8. 從連接著牛肋條的一側也著手將肉剝離。此處稍微錯綜交雜，所以紋理之間的交界處並不明顯。用刀子抵在肉上面尋找，找出可以把肉剝離的地方。

9. 鎖定可以把肉剝離之處，順著與牛肋條之間的筋，像是要把牛肋條立起來的同時，將肉剝離。

Point 也從另一邊將牛肋條剝離

10. 將整塊肉 180 度翻轉，讓肩頸側朝向自己，同樣地也在這一側用刀子，從肉與牛肋條之間的交界處劃入刀子。

11. 一邊拉起牛肋條，一邊沿著肩胛肉，緩緩地將刀子深深地插進去，把肉剝離。

12. 從四個方向劃入刀子，將肩胛肉和下肩胛翼板肉完全分離的狀態。因為肉塊相當地大，所以用這個方法較有效率。

分割肩胛肉 切下肋眼心

5 察看肩胛肉的斷面，可以看到有條很粗的筋分布在其中。順著這條筋進行肉的分切。

Point 切除肩胛肉上的一層薄肉

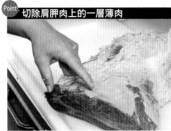

1 將肉翻轉 180 度，讓肩頸側朝向自己。分割肩頸側的肩胛肉。照片裡的肩胛肉左邊有一層薄薄的瘦肉部分。

1 自牛肋脊肉側切下肋眼心。將刀子劃入肋眼肉捲帶側肉和肋眼心之間的筋之處。

6 將手指插入筋的裡面，徒手將上方的肉撕離。用手就可以輕鬆地將肉撕開。

2 一開始先割離這個瘦肉部分。肩胛肉上側有個交界之處，將刀子劃入此處，用手指插入將其拉開。

Point 沿著肋眼心劃入刀子

2 順著肋眼心劃入刀子轉一圈，將肋眼心與肋眼肉捲帶側肉切離。

7 撕到接近邊緣的時候，改用刀子將肉割開。

3 由於有筋分布於此，所以一邊用刀子把筋割開，一邊將肉自肩胛肉上面切離，切下來之後作為瘦肉或牛肋條加以商品化。

3 一邊將肋眼心向上提起，一邊用刀子劃入附著在肋眼肉捲帶側肉上的筋，取下肋眼心。

8 割到最邊緣的地方時，直接用刀子切開。

Point 二分成肋眼肉捲帶側肉與肩胛肉

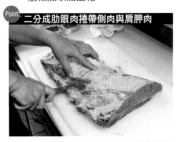

4 切分成肩頸側的肩胛肉，與牛肋脊肉的肋眼肉捲帶側肉。

4 自肋眼肉捲帶側肉上面取下的肋眼心。牛肋脊肉側的面積較大，肉質也較為柔軟。

分割肋眼肉捲帶側肉

Point 區分成捲帶側肉與副肋眼心

1 將自肩胛肉切下來的肋眼肉捲帶側肉，分成捲帶側肉與副肋眼心。照片中的肉左邊是捲帶側肉，右邊是副肋眼心。

2 捲帶側肉與副肋眼心之間的交界處有條筋。將刀子插入這條筋裡面，似要將副肋眼心挑出來一般地劃入刀子。

3 把肉平放，順著肋眼捲帶肉的曲線劃入刀子，待切到邊緣之處時，用刀子切下。

←接續下一頁

4 在副肋眼心的下面還有一個可以切離的部分。有筋的地方就是肉的特徵會發生改變的地方，所以也將其切除。

13 用刀子劃入筋之中，將其剔除。

Point 切下來的肉也進行商品化

14 因為筋而切下的部分，也都各自作為燒烤用食材加以活用。可以切出適宜切面大小的部分可作為肩胛肉或是作為牛肋條供應。

15 肉質偏瘦、整體較薄的部分，可以用蝴蝶刀切法分切之後，歸類進「瘦肉」裡面。

9 將肩胛肉切成兩部分的狀態。

10 這是5的上側部分。因為沒有筋分布於其中，所以分切之後作為「上等牛肩胛肉」進行商品化。

11 在5的下側部分含有比較大的筋。這樣的筋在分切的時候很容易破散，所以將其剔除。

Point 為了不把肉烤散掉而順著筋剔除

12 用手指剝開有筋的地方，肉就會分離。要是就這樣直接燒烤，肉就會烤到散開。

[分 割 牛 肋 條]

切下牛肋條

5 保持著相連成一整片的狀態下，將牛肋條切下來。

1 將連接著下肩胛翼板肉的牛肋條部分切除。鎖定該部分與下肩胛翼板肉之間的大塊脂肪之處，用刀子劃入。

接續分割肋眼肉捲帶側肉

5 也將捲帶側肉側連接牛肋條部分的肉切除。將刀劃入該部分與捲帶側肉之間。

6 從下肩胛翼板肉上面切下來的完整牛肋條。從這裡開始將牛肋條一條條分離。

Point 將肉直立起來下刀

2 把肉直立起來，在 1 用刀子劃入的地方，繼續用刀向下將牛肋條切離。因為是肉塊的體積較大，以這樣的方式較易於操作。

6 小心不要割傷捲帶側肉的肉，仔細辨認筋的位置之後再行剔除。

Point 徒手將牛肋條撕分開

7 從牛肋條的根部部位上面，將牛肋條一條條用手撕扯著將其撕下來。輕而易舉地就能撕離。

3 在下肩胛翼板肉和下肋條之間較厚的脂肪中入刀，順利地將其分離。

7 照片中的是捲帶側肉。肉質細緻、油花分布漂亮。作為「上等牛肉」商品化。

8 依樣畫葫蘆地將剩餘的牛肋條也全部都撕離。撕剩下的根部上面還有肉，也可以作為牛肋條使用。

4 立著將牛肋條割離至邊緣後，把肉擺回至平放狀態，將牛肋條完全切離。

[分割下肩胛翼板肉]

切下下肩胛翼板肉

⑤ 一邊用手將牛峰翻開，一邊用刀子劃入，順著筋將牛峰切除。用手拉著牛峰的肉，肉之間的交界處就會變寬。

① 切除牛肋條之後的下肩胛翼板肉。下肩胛翼板肉這個部位在關東地區被稱為「ザブトン（坐墊）」。因為形似坐墊而得其名。

Point 撕開牛肋條根部

⑨ 相連成山型的牛肋條，用手指插入其根部之間，縱向撕開。

Point 切在脂肪中間

⑥ 如果劃入刀子後看到肉，就代表偏離了肉之間的交界線。務必要讓刀子落在脂肪中間。

Point 將背面的一層薄肉切除

② 察看肩胛肉側，可以看到中間分布著脂肪，上面還附著著一層薄肉。這層肉可以切下來作為肩胛肉使用。

⑩ 將撕剩下的牛肋條根部部分上面附著的脂肪剔除。

⑦ 待切至下肩胛翼板肉的邊緣處，轉而自肩胛肉側也下刀。

③ 將刀子劃入脂肪之間，用手將薄肉剝開。把肉剝開之後就會找到「肉與肉之間的交界線」。

⑪ 從下肩胛翼板肉切下來的牛肋條，經過分割之後的狀態。7 條牛肋條再加上 1 整條根部部位。

←接續下一頁

⑧ 緊緊附著下肩胛翼板肉的地方也仔細地用刀劃開，以順利地將其分切。

Point 將附著在下肩胛翼板肉的牛峰切除

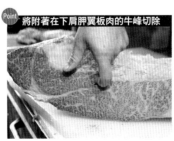

④ 有一條平行著照片左邊肉的筋，將下肩胛翼板肉與牛峰分開來。將食指戳進去，把肉剝開。

⑫ 除了⑪以外，分割肩胛肉所切除下來的一些，無法切出適宜切面大小的部分也歸類成牛肋條。

分割牛峰

5 牛峰的前緣部分有筋分布,將肉分成了兩部分。因為筋相連著肉,所以順著筋將肉分切下來。

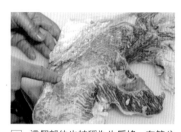

1 這個部位也被稱為牛肩峰。有筋分布於其中,肉的纖維也錯綜交雜。首先將其中有著筋的部分切除。

接續切下下肩胛翼板肉

9 沿著先前6所下刀的地方繼續用刀劃下去。

6 將肉直立起來,沿著筋垂直地切下去。

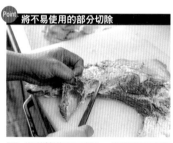

Point 將不易使用的部分切除

2 順著筋將刀子劃入,將形狀不完整且不利於分切的邊角部分切除。

10 分割下來的牛峰與下肩胛翼板肉。牛峰屬於瘦肉比例較多的部位,所以作為肩胛肉使用。

Point 切除的邊角肉用來煮湯

7 牛峰分割完成之後的狀態。將各個部位周邊的油脂剔除乾淨,作為「上等牛肩胛肉」商品化。最剛開始切下來的邊角肉部分,作為湯品的食材加以活用。

3 接著繼續分切易於切出適宜切面大小的部分。

Point 自下肩胛翼板肉上面切下特上等部位

11 下肩胛翼板肉是一個不論切何處都能切得漂亮的部位。店內將中心部分切成「特選下肩胛翼板肉」與「鹽烤厚切里肌」、左邊部分切成「上等無骨牛五花肉」、右邊部分切成「特選無骨牛五花肉」共四樣商品。

4 一開始先將容易分切的部分切下來。察看肉的纖維紋理走向,在纖維紋理改變的地方下刀。

分切上等牛腹肉

Point 從捲帶側肉上面切下腹肉

1. 肋眼肉捲帶側肉部位也有柔軟的油花分布於其中。將從肋眼肉捲帶側肉切下的捲帶側肉作為腹肉供應。切上上方形狀似尖角的部分,調整肉的形狀。

2. 由於肉的纖維紋理走向很平整漂
↓ 亮,所以垂直地進行分切。考量有
Ⓑ 油花分布,所以切成略有薄度的肉片。

Ⓐ 上等牛肩胛肉切片
使用在經過分割的肩胛肉裡面,瘦肉比例較多的部分。為了讓顧客也能確實地享用到它的口感,所以切得稍微厚一點。

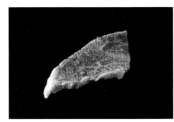

Ⓑ 上等牛腹肉切片
將肉質軟嫩的肋眼肉捲帶側肉部位,作為「上等牛腹肉」商品化。薄薄地進行分切。

分切上等牛肩胛肉

Point 瘦肉比例多的部位作為肩胛肉供應

1. 將肩胛肉裡瘦肉較為漂亮的部位,作為「上等牛肩胛肉」供應。

Point 計算一片肉的大小再行分切

2. 避免最後分切到的每片肉太小,綜觀切面的大小與纖維紋理的走向之後再分切成塊狀。此處切成四塊。

3. 剔除多餘的脂肪。由於是瘦肉部位,脂肪無須剔除得太過乾淨,要稍微保留一些。

4. 瘦肉的肉進行分切時,要切得比霜
↓ 降肉厚一些。
Ⓐ

薄切肋眼心

1. 為肋眼心進行修清處理。周邊有一層用手也能剝離的脂肪,將此部分剔除。

2. 將周邊的脂肪剔除。作為肋眼心供應的是切面較大的部分,約莫是自前緣部分開始的三分之二。剩餘的部分則作為「上等牛腹肉」。

Point 切面較大的部分薄切

3. 薄切成圓片。由於這個部位的油花分布極美,所以垂直地將肉分切成薄片。

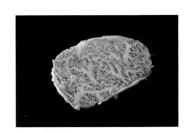

肋眼心薄切片
將牛肋脊肉側的肋眼心薄薄地分切。霜降肉若是切得太厚,上面的油花會讓人覺得膩,所以進行薄切。

分切牛肋條　　　分切肩瘦肉

5 將肉推開以後，就會看到深深的刀痕。以這樣的形狀盛盤。

1 將牛肋條表面的筋或脂肪剔除。若是有骨膜殘留就會影響口感，需仔細處理。

1 將肩胛肉裡，肉質較硬的部分作為「肩瘦肉」商品化。將周邊附著的筋與脂肪剔除。

Point 劃入刀痕讓肉更容易入味

6 在牛肋條的根部部位也同樣斜斜地劃入刀痕。這個作法具有幫助醬汁滲入肉裡面的效果。

Point 用刀子將筋切斷

2 牛肋條裡面宛如千層派一般分布著筋。要是把筋剔除，就會令肉的可用率變低，所以藉由劃入刀痕來讓肉變得易於食用。

Point 劃入刀痕再行薄切

2 由於是肉質較硬，具有彈牙口感的部位，因此切得極薄。因為切面過小，所以一開始先劃入刀痕至不將肉切斷的程度。

7 分切成和 4 一樣的大小。

3 雙面都斜斜地劃上細密的刀痕。刀痕深度深到不將肉切斷的程度。

3 接著用相同的薄度切下另一刀，並將肉片切下。當欲分切的肉塊太小，就用這個切法增加肉片的切面大小。

牛肋條切塊

藉由在雙面都劃入刀痕，讓分布著筋與脂肪的牛肋條都能變得易於食用。不論怎麼剔除都還是會有筋存在的部位，若是使用這個方法就不會浪費。

4 一條牛肋條切成四段。切成每段約 20～25g 具有口感的大小。

肩瘦肉切片

先劃下一刀，再行分切。將切下的肉攤開，就能讓肉看起來變大片一點。因為肉質較硬，所以將厚度切得薄薄的。

調味 ｜ 海南亭

「海南亭」所供應的料理，並不會一道道讓顧客去挑選是要用醃肉醬還是鹽巴調味，而是在菜單上面明確標示出該道料理是用醃肉醬或是鹽巴調味。這樣的做法，不僅可以省去顧客要逐一挑選調味的麻煩，也可以避免造成點餐時的混亂局面。沾肉醬是在以昆布高湯作為基底的醬汁裡面，加進醋與蘋果醋製作而成。

醃肉醬調味

醃肉醬是先用昆布熬出高湯，再於其中加進醬油、黃粗砂糖、味醂、酒，加熱至煮沸並放至冷卻所製作而成的。使用的時候，會再加進大蒜泥與生薑。將肉浸泡在足量的醃肉醬裡面，醃漬入味。

鹽味調味

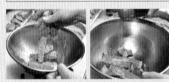

鹽味料理的調味方式。事先準備好混合大蒜泥、生薑、鹽巴、胡椒、鮮味調味粉製作而成的「蒜鹽」，待收到顧客點餐之後，再將這個「蒜鹽」和麻油一起混拌在肉上面進行調味。

沾肉醬

將昆布高湯作為基底，加入醋和蘋果醋、醬油、黃粗砂糖並加熱至煮沸，再於冷卻之後加入磨成泥的大蒜泥與生薑泥增添風味，最後再進行過濾。盛入碟中再點綴少許蔥花後，端至客席。

Point 像是要把肉剝開似地將肉攤開

5 從切成骰子狀的肉的一個邊下刀，像是要將肉割開成相同厚度的肉片似地進行切割。

6 以相同厚度將肉割開。由於在關西地區，一提及牛五花肉，就會給人一種聯想到帶骨牛腹肉的強烈印象，所以切成這樣的形狀。

Point 在攤開的肉上面劃上刀痕

7 為了不要讓割開的肉在燒烤時蜷縮，故而先在肉片上面斜斜地劃上刀痕。

上等無骨牛五花肉切片
重點在於要割開肉片時要維持相同厚度。只要使用這個切法，不論是何種形狀的肉都能切出形狀適宜的肉片。

Point 察看下肩胛翼板肉的斷面再行商品化

1 下肩胛翼板肉的邊端厚度變薄，沒有辦法切成有稜有角的方形肉塊。將這個部分切下來，作為切法特別的「上等無骨牛五花肉」供應。

2 在中間可以切出方形範圍的邊界處下刀，切下外緣的肉塊作為牛五花肉用。

3 將切下來的肉塊，進一步以100g為基準進行等量分切。店內一盤肉的分量為100g。

4 「上等無骨牛五花肉」一盤裡面會有三片肉。所以再進一步地將3分切成三等分的骰子狀。

分切特選無骨牛五花肉

Point 使用形狀不盡工整的部分

分切特選下肩胛翼板肉

Point 將最漂亮的部分作為下肩胛翼板肉供應

5 繼續依樣畫葫蘆地一邊將肉塊轉邊，一邊向著肉的中央割去。

1 使用與「上等無骨牛五花肉」相同的切法。可以不用像分切「特選下肩胛翼板肉」、「鹽烤厚切里肌」的時候那樣留心切面。

1 作為「特選下肩胛翼板肉」供應的是，油花分布與肉質纖維最為細密漂亮的中心部分。切掉作為牛五花肉使用的部分之後，將剩餘的中心部分切成三大塊。

6 仔細地割開至肉中央。重點在於要用相同的厚度進行切割、留意不要把肉割離。

2 使用油花分布得比「上等無骨牛五花肉」更漂亮的部分，切成一人份用的兩大片肉，藉以和「上等無骨牛五花肉」做出區別。

2 一人份的肉 100g 有 5 個切片。先將肉塊以 100g 為基準分切成段，進行筋與脂肪的修清處理之後再切成 5 等分。

改變分切方法增添變化

Point 劃上刀痕漂亮地將肉攤開

Point 一個塊狀的肉切割成一片肉

Point 將最漂亮的部分作為下肩胛翼板肉供應

7 更近一步地在肉上面劃上刀痕，調整每一片肉的形狀。而劃入刀痕，不僅能讓肉更容易入味，也讓肉更容易烤熟。

3 由於是要切成一塊 50g 的大片肉，所以切成 50g 方形肉塊。此處確實地切出邊緣稜角，就能在之後切出漂亮的肉片。

1 「鹽烤厚切里肌」的肉也是從下肩胛翼板肉分切而來。將肉切成長條狀來做變化，佐以鹽巴調味，藉此來跟「下肩胛翼板肉」做出區別。

Point 以相同的厚度割開肉片

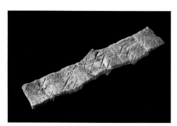

特選無骨牛五花肉切片

原本牛五花肉多是用胸腹肉供應。當決定要「集中使用肩胛里肌」時，便也想要順便改變顧客的既定印象，所以切成這樣的形狀。

4 從塊狀肉的一個邊下刀，將刀劃入至底部而不將肉切斷，再繼續用相同的厚度割開底邊。

2 將肉塊切成 100g 的方形厚片狀之後，察看肉的斷面，在垂直纖維紋理的狀態下，以相同的厚度進行分切，將肉切成長條狀。

鹽烤厚切里肌（背脊）

1900 日圓（稅外）

使用下肩胛翼板肉中油花分布漂亮的部分，並進行厚切。下肩胛翼板肉可以分切成四道燒肉料理，透過不同的分切方法與調味來做出變化，大大增加了菜單的豐富性。用鹽巴進行調味時，會事先製作好以大蒜、生薑、鹽巴、胡椒、鮮味調味料混合而成調味用「蒜鹽」，待收到點餐之後，再將蒜鹽和芝麻油混拌在肉上面。這樣的做法可避免味道出現落差的同時，也能更為省力。附上山葵泥。

牛肋條（肋骨）
1300 日圓（稅外）

在獨特的分切法下，狀似冒號的牛肋條切片。牛肋條是筋較多的部位，若是將筋剔除就會令肉變零碎而造成浪費，整體的可用率也會變低。因此，在分切時劃入深深的刀痕來將筋切斷，下足工夫令肉更易於咀嚼。藉由把深深劃有刀痕的肉攤開來盛盤，在擺盤上面增添變化。事先調味時，不進行抓醃，而是將肉浸泡在足量的醃肉醬裡面，讓醬汁能夠從切割之處滲入肉中。

上等無骨牛五花肉（肋骨） 1800日圓（稅外）

由於有很多顧客一提及牛五花肉，就會聯想到帶骨牛腹肉，所以特地在料理名稱裡面強調這是一道「無骨」的牛五花肉料理。只不過，由於肉塊的形狀恰似帶骨牛五花肉，故而將其進行切割處理，將肉攤開成一整片，呈現出長度與分量感。雖然是下肩胛翼板肉裡面肉質較硬的部分，但只要劃入刀痕，就能讓口感變得柔軟。

特選無骨牛五花肉（背脊） 3150日圓（稅外）

為了要和「上等無骨牛五花肉」做出區別，使用下肩胛翼板肉裡面肉質相對更佳的部分。切割攤開的肉片比「上等無骨牛五花肉」還要長、還要大片，50g一片的肉在分量上面也營造出一種豪邁魄力。將肉片盛放在木盒裡面更增添了幾許高級感。燒烤之後再自行用剪刀剪成適宜的大小。這兩種無骨牛五花肉皆是以醃肉醬調味。

特選下肩胛翼板肉（背脊） 3150日圓（稅外）

使用下肩胛翼板肉之中最漂亮的部分，是最高等級的燒肉。金海先生在挑選下肩胛翼板肉的時候，最為重視下肩胛翼板肉的油花分布狀況。他會仔細察看瘦肉之中是否有恰到好處的油花分布、肉質是否緊緻等等。在這樣銳利的挑選眼光下所挑出來的，多是牛肉脂肪交雜基準（Beef Marbling Standard）10左右的肉品。藉由確實將「下肩胛翼板肉」切出整齊的稜角，營造出肉的格調。

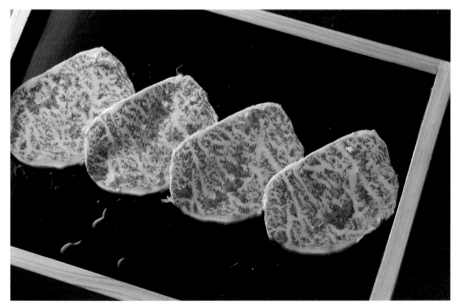

薄切肋眼心
（背脊）
2000日圓（稅外）

肋眼心也是進貨挑選時，相當受到重視的部位之一。具肋眼心特色的漂亮油花分布尤為重要，分切時也為了確實展現其斷面之美而進行薄切。為了讓食用時的口感更為順口，將周邊的筋與脂肪剔除乾淨。若是在調味時抓醃，就會令肉的形狀有損，故而將醃肉醬稍微淋在肉上，即端桌供應。

上等牛腹肉（腹脅）
1500 日圓（稅外）

將牛肋脊肉側的肋眼肉捲帶側肉部分、含有油花的捲帶側肉作為「上等牛腹肉」供應。為了能在柔軟的肉質裡，品嚐到油脂的風味與鮮甜，將肉切成稍微具有厚度的肉片。肉質稍微硬一點的部分，則在上面劃入刀痕以讓口感一致。

上等牛肩胛肉
（背脊）
1500 日圓（稅外）

雖然是取自肩頸側的肩胛肉，但此處使用的是瘦肉比例較多的部分，藉此和上等牛腹肉形成區別。在菜單上面會標示「略有霜降」、「柔軟」的說明。店內的菜單項目表上面都會附加說明大概是哪個部位的肉、屬於霜降肉還是瘦肉、是「風味清爽」還是「口味濃郁」等，將一些可以了解肉品特徵的資訊標示出來，作為肉品進貨時的選購基準。

肩瘦肉（肩肉）
1300 日圓（稅外）

使用從肩頸側下肩胛翼板肉切下的牛峰。可以享用到沒有油花分布的清爽瘦肉風味。由於是個切面不夠大的部位，所以使用先深深劃入刀痕，再下另一刀將肉切離的切法，將切下的肉片攤開以形成較大的切面。因為肉質偏硬一點，故而將其薄切。

特選六樣嚐味組合

- 特選後腰脊肉
- 特選菲力
- 特選下肩胛翼板肉
- 特選牛五花肉
- 特選牛肋脊肉
- 特選肩胛三角肉

一人份 3200 日圓（稅外）

※ 照片為雙人份

店內所供應的牛肉特上等部位拼盤。針對想要少量多樣品嚐的顧客所開發出來的菜單。這樣的組合分為兩個等級供應，也有價格更實惠，一人份 1600 日圓（稅外）的上等部位拼盤「上選六樣嚐味組合」。在分切肉品上面下足工夫，依照肉品各自的特徵，調整分切時的厚度與大小、刀痕的有無等等。後腰脊肉、菲力與肩胛三角肉與肩胛肉不同，是另外進貨的。

建於地下室的酒窖經常保有
300 瓶酒的庫存。除了擁有日
本侍酒師檢定證照的金海博先
生之外，還有兩位同樣擁有證
照的員工，會為顧客推薦適合
佐搭燒肉套餐的葡萄酒。也備
有八道料理搭配八款葡萄酒
的搭配套餐（2萬日圓）。另
外，也將五大酒莊、特級園
（Grand Cru）等頂級葡萄酒，
以倒入酒杯之中的方式販售，
大大增加了於店內享用燒肉的
樂趣。

東京・鮫洲

焼肉乙ちゃん
本店

將一整頭購買的牛隻屠體徹底分切販售，
用毫不浪費的技巧實現高性價比

店鋪位在東京鮫洲這樣一個遠離市中心，距離最近的車站需要徒步10分鐘的「燒肉乙ちゃん」，店內88席客席經常連日座無虛席。由創業40多年的肉品經銷商乙川畜產，於2013年在此處開業經營的燒肉直營店。

正因為店家對於挑選肉品有著精準眼光，所以在進貨時，不會拘泥於肉的品牌和產地，而是真正地去挑選一頭優質的牛。選購的牛隻，是黑毛和牛A4以上的雌牛。在總公司根據部位進行支解與儲藏，於幾乎修清完成的狀態下進行真空包裝，再進貨到店內。購買一整頭牛的屠體，很容易造成受歡迎的部位都賣得好、難以販售的部位賣不好的一面倒

情況，但是店家藉由充實的菜單編排，巧妙地將兩者恰到好處地組合在一起。而這種充滿魄力的菜單組合，深獲家庭客群與團體客群好評，進而形成一種以客聚客的良好循環。

除此之外，就連一些筋較多或肉質較硬部位，也能利用刀工技術去帶出它們本身的優點，將其商品化成一項項極具魅力燒肉食材。比方說，筋較多的肩頸肉或牛腱等部位，也都運用刀工切將其變成美味的肉品。之所以能將一整頭牛售罄，不僅僅只是因為肉質本身極佳，也多虧了這種能ゞ「牛肉不分部位都很好吃」的高超技術。

SHOP DATA

地址・東京都品川区東大井 2-5-13 乙川ビル 1F
電話・03-6433-2914
營業時間・週一～週五 17點～23點（L.O.22點）
　　　　　週六 16點～23點（L.O.22點）
　　　　　週日、例假日 16點～22點（L.O.21點）
休息日・年末年初
場地規模・57坪・88席
平均單人消費・5000 日圓

經理・矢壁 正行 先生

從販售畫框的銷售員轉而投身燒肉業界。在有名的燒肉店內累積經驗之後，成為「燒肉乙ちゃん」的經理。將卓越的想法與技術徹底運用在一整頭牛的屠體分切上面。

牛肩胛部位

[分 割]

為肋眼肉捲帶側肉整形

1 切離下肩胛肋眼心之後，殘留著厚厚的脂肪與筋，進行修清處理將之剔除。

2 一邊切除厚厚的脂肪，一邊調整形狀，調整成容易捲起來的形狀。

Point 把筋剔除以統一口感

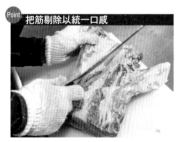

3 用刀子將分布於其中的筋剔除掉。

4 把筋和脂肪剔除至如照片所示的程度。脂肪留下少許也沒關係。

切下下肩胛肋眼心

1 割除覆於肩胛肉上側的脂肪。之後會再做修清處理，此處只需大致剔除即可。

Point 用手把筋剝開，切下肩胛肉

2 用手剝開下肩胛肋眼心與肋眼肉捲帶側肉之間，有粗大筋分布的地方。由此處開始進行分割處理。

3 另一側也用刀子割入下肩胛肋眼心與肋眼肉捲帶側肉之間，一邊向外拉一邊用刀子將下肩胛肋眼心割離。

4 割開至下肩胛肋眼心的尾端，將其完整切離。

於店內先分切成容易進行處理的3kg後，再以做好真空包裝的狀態下保存。先分割成下肩胛肋眼心與肋眼肉捲帶側肉兩部分，肋眼肉捲帶側肉會剔除多餘的筋與脂肪之後，捲成圓柱狀進行商品化。採用這樣的作法就不會產生多餘的邊角肉。下肩胛肋眼心作為「特上等牛肩胛肉」供應。照片中的肉是A4等級的栃木和牛雌牛。

黑毛和牛A4・A5

供應菜單
特上等牛肩胛肉 ▶ P.63
肋眼肉捲帶側肉 ▶ P.63

［分切］

肋眼肉捲帶側肉

1 供應之前先進行半解凍。需留意若是過度解凍，肉就會散掉。

2
↓
B
從其中一邊開始進行薄切。由於肉的斷面較為眼生，也有不少人會詢問這是哪個部位。

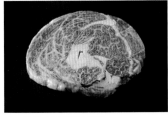

B 肋眼肉捲帶側肉切片
只要採用這個作法，就連原本難以切出大片肉的肋眼肉捲帶側肉部位，也能切出大片的肉。

下肩胛肋眼心

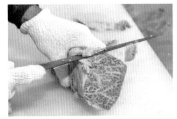

1 善用下肩胛肋眼心原本的形狀進行分切。一開始先將殘留在表面的筋與脂肪剔除乾淨。

2
↓
A
妥善運用兼具柔嫩肉質與油花分布漂亮的外型，切成大片的肉片。以四片90g為分切基準。

A 特上等牛肩胛肉切片
厚度視切面大小而定。有著柔嫩肉質與恰到好處的油花分布，作為特上等肉品供應。

Point 調整肋眼肉捲帶側肉的形狀

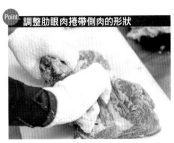

5 將完成修清處理的肋眼肉捲帶側肉攤開，從側邊開始將肉確實地捲包起來。

6 將肉捲起來以後，用手牢牢地將其壓實，進一步將肉調整成如香腸一般的圓柱狀

7 用保鮮膜將捲好的肉牢牢地包裹起來。將外型零散的部分整形成這個形狀，就能讓切面變大。

Point 進行冷凍以固定肉的形狀

8 把 7 對半分切，再次包上保鮮膜，放到冷凍室裡面冷凍一個晚上，使其完全冷凍。

肩胛
三角肉

由於外型酷似栗子，所以日文名稱為「クリ（栗）」。位於肩胛至肩上臂部的位置，是一個脂肪雖少，但卻能嘗到瘦肉既有風味與多汁感，還能一嘗紮實肉質所帶來的滿足感。中間有條粗大的筋，沿著這條筋進行分割處理。

黑毛和牛A4・A5

供應菜單
肩胛三角肉 ▶ P.64

分切成三等分

Point 沿著肉中的筋下刀

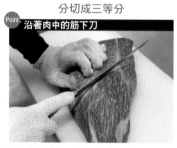

1 照片中的肩胛三角肉是半頭分的肉2.3kg。在修清完成後的狀態下進貨。以內部橫向分布的筋為目標，自上而下劃入刀子。

2 劃入刀子以後，就能看見裡面的筋。把肉切開至這條筋附近。

3 改變肉的擺向，橫向沿著粗大的筋劃入刀子。

Point 一邊沿著筋下刀一邊把肉攤開

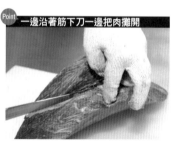

4 朝向1自上而下切下的那一刀割過去。

5 沿著筋將肉割下來以後，繼續切下後半部分的肩胛三角肉。這個部分的肉質最為柔嫩。

6 延伸至前端部分的筋會漸漸變薄。反手握刀將肉割開。

7 一邊用手拉著已經切開來的肉，一邊繼續向前劃下刀子，將前端部分也完全割斷。

8 沿著粗大的筋將肉分切成三大塊的狀態。殘留在表面的筋是燒烤後也沒什麼存在感的筋，所以原樣保留即可。

焼肉乙ちゃん 本店

調味

為了要讓顧客享用到牛肉本身的好滋味，事先調味僅做到帶出牛肉鮮甜美味的程度。餐桌上面會擺上白沾醬、黑沾醬兩種的沾肉醬，也會擺上檸檬汁與苦椒醬，可依個人喜好添加享用。

捲成花的形狀

1. 垂直肉的纖維紋理下刀，斜切成帶有厚度的大片肉片。以四片90g為基準進行分切。

Point 將肉視為花瓣

2. 將分切好的肉片，以邊端稍微重疊的方式擺成一列。

3. 從疊在最下面的肉片邊緣開始捲起。捲完所有肉片以後，將肉垂直立起。

4. 捲成花的形狀，調整作為花瓣的肉片形狀，盛放到容器之中。

事先調味的調味方法

醃肉醬準備了醬油醃醬與味噌醃醬兩種，可由顧客自行挑選，不過優質的肉多半還是會跟客說「鹽巴較合適」而推薦使用鹽巴調味。不論是哪一種調味都不會進行抓醃，而是只做到將鹽巴足量撒在盤子上面，或是將醃肉醬舀在盤子上面的程度。使用的鹽巴為海鹽與煙燻鹽的混合鹽。不撒上胡椒。

醃肉醬

醬油醃醬會將醬油、酒、砂糖混合之後加熱，靜置一晚，讓味道調和穩下來再做使用。待收到顧客點餐之後，再加進大蒜、白胡椒做最後的提味。味噌醃醬則是以白味噌、苦椒醬、砂糖、醬油、芝麻油混合而成。

沾肉醬

餐桌上面經常備有整組的沾醬。白沾醬是在醬油醃醬裡面加進水梨與白桃，以調理機攪打之後過濾而成。黑沾醬也是以醬油醃醬為基底，於其中加強了大蒜風味。白沾醬適合孩童顧客等，可以依照喜好分開使用。檸檬汁與苦椒醬也一併做組合。

前胸肉

燒肉式分切

1 因為肉的切面不大，所以下刀時儘可能地垂直切斷肉的纖維，斜斜地進行分切。

Point 使用刀跟進行戳打

2 不單單只是薄切而已，還要再用刀敲打，讓肉質變得更為柔軟。使用刀跟，細密地進行戳打。

燒肉式切片
雖說是薄切，但仍舊是能在咀嚼時嚐到肉的鮮甜滋味於口中擴散的厚度。故而用刀跟戳打的方式將纖維切斷。

厚片式切塊
即便是3～4公分厚的肉塊，還是能夠藉由在上面細細地劃上格狀刀痕，讓肉變得易於食用。

厚片式分切

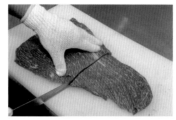

1 具有厚度的部分做厚片式分切處理，較薄的部分做燒肉式分切處理。將表面的筋剔除乾淨之後，分切成兩部分。

2 依照纖維紋理擺成橫向，用一人份約90g的基準進行分切。分切好了以後，用手按壓肉塊，讓肉變得更好切。

Point 深深劃上格子狀刀痕讓肉變柔軟

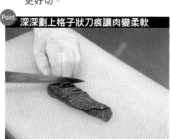

3 讓刀子與肉的纖維紋理斜向交錯，斜斜地在分切下來的肉上面劃入刀痕。刀痕的深度深及肉厚度的三分之二。

4 與已劃上的刀痕呈垂直狀態，同樣劃入刀痕，形成格子狀刀痕。藉由劃上格狀刀痕，讓肉吃起來變得更為柔軟。

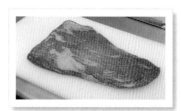

屬於肩胛腹肉的一部分，是一個肉質較硬且筋較多的部位。比起燒烤料理，更常被拿來製作成燉煮料理。但是只要細細地劃入刀痕，也能烹調成燒烤料理，享用到香醇的牛肉風味，所以在肉的分切上面下了一番工夫。不單單只是薄切成肉片，也會厚切成肉塊商品化。

黑毛和牛A4・A5

供應菜單
前胸肉 ▶ P.64

③ 傾斜刀身劃入刀痕，斜斜地切斷纖維紋理，背面也以相同的方式劃上刀痕，將肉割成蛇腹狀。刀痕的深度為肩頸肉厚度的三分之二。

肩頸肉切塊
進一步將割成蛇腹狀的肩頸肉切成一口大小。切出的切面較一般切法來得多，烤出香味四溢的燒肉。

① 在分割部位的時候已做過修清處理，在店內僅需再細部割除表面筋即可。

Point 活用肉品本身的細長形狀切成長條

② 縱向切成三等分的長條狀，接著再繼續分切成塊。

肩頸肉

正如其名，指的便是牛的肩頸部位。肉質硬且有筋分布於其中，卻有著濃濃的鮮甜滋味，大多用於燉煮料理。為了以燒烤方式享用這個部位，在切法上下足幾番工夫，藉由切成蛇腹狀的切法把筋切斷。

黑毛和牛A4・A5

供應菜單
肩頸肉 ▶ P.65

牛腱肉切片
切成極薄的薄肉片，就能降低筋的存在感，讓人得以細細品味牛腱肉的獨特口感。

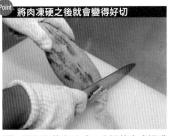

Point 將肉凍硬之後就會變得好切

① 因為要將肉以手工分切的方式切成薄片，所以先將牛腱肉冷凍讓肉變硬。一開始先將周邊的筋剔除。

Point 垂直下刀，切斷肉的纖維

② 垂直牛腱肉的纖維紋理下刀。須留意若是傾斜刀身斜切，會讓筋變長而不易於咬斷嚼食。

牛腱肉

日文名稱為「千本筋」的牛腱肉恰如其名，是一個筋分布集中的小腿部位。筋的膠質帶有鮮甜滋味，風味相當濃郁。切成極薄的肉片就能作為燒肉食材充分使用，所以店內會先進行冷凍將肉凍硬，再手工分切成肉片。

黑毛和牛A4・A5

供應菜單
牛腱肉（小腿）▶ P.65

牛舌

舌芯

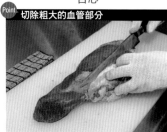

1 切下位於牛舌下側的舌芯。中間有粗大的血管,以該處為下刀基準劃入刀子。

2 剔除舌芯周邊的筋與淋巴腺,調整形狀。

3 具有獨特的爽脆口感,故而進行薄切。

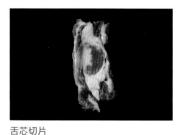

舌芯切片
以獨特的口感與具深度的鮮甜滋味而為人喜愛的部位。切成易於食用的薄切片。

牛舌的事先處理

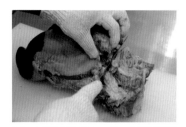

1 由於喉嚨也連在一起,故而沿著喉嚨的軟骨下刀,將喉嚨切除。

2 新鮮的國產生牛舌的舌肉呈收縮狀態,為了易於將舌皮剝除,用牛舌敲打砧板 2～3 次,讓牛舌肉鬆馳下來。

3 剝除牛舌皮。按照上側、下側、兩側的順序剝掉舌皮。一邊用手拉著剝下的皮,一邊用刀子劃入會更容易剝皮。

牛舌使用的是日本國產生牛舌與美國牛舌。國產牛舌是店內的招牌商品之一。也會不定期在顧客面前展示國產牛舌的分割處理過程,令顧客歡欣。按照舌根、舌中、舌芯做分割處理,進行商品化。只使用受歡迎的部位而累積出來的舌尖肉也加以活用,製作成燉牛舌。

日本國產

供應菜單
日本國產牛舌拼盤 ▶ P.66
厚切 日本國產生牛舌 ▶ P.66
燉牛舌 ▶ P.60

將牛舌尖冷凍保存。累積之後製作成燉牛舌料理,作為隱藏菜單供應。用蔬菜慢慢熬煮出來的牛舌,其具深度的風味使其成為一道擁有高人氣的料理。附上煮熟的蔬菜與法國麵包一起供應。

燉牛舌
1280 日圓(稅外)

活用方法

牛舌尖的

燉牛舌

將國產牛舌與進口牛舌的牛舌尖一同冷凍，製作成燉牛舌料理加以活用。將牛舌尖香煎上色之後，和拌炒過的洋蔥、胡蘿蔔、西洋芹一起放到壓力鍋中，加水烹煮至柔軟。蔬菜攪打成泥狀，再和煮汁、番茄醬等調味料一起燉煮牛舌尖。

1 將牛舌尖香煎至上色

2 和蔬菜一起放到壓力鍋裡面燙煮

3 將燙煮好的蔬菜取出，打成泥

4 加入蔬菜泥和調味料，一起燉煮

舌中

1 待厚切至凹陷處，改以薄切進行分
↓ 切。牛舌的斷面也品嚐得到瘦肉風
Ⓐ 味。

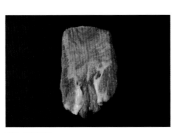

Ⓐ 薄切片
舌中部位的薄切片。具有彈性的口感，有著與舌芯迴異的美味。

Ⓑ 厚切片
切自舌根部位的牛舌肉片，極佳的脆彈口感與多汁程度為其魅力所在。

舌根

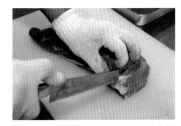

1 舌根部分進行厚切。拼盤用的肉片切成一片 50～60g，單點用的肉片則切成 100g 的厚片。

2 考慮到增添外觀上的變化與讓肉更易於烤熟，在厚切肉片上面劃上格子狀刀痕。刀痕深度為肉片厚度的三分之二。

Point 劃上醒目的格子狀刀痕

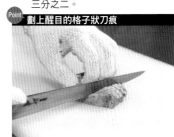

3 刀身與剛剛劃下的刀痕呈垂直狀，劃下垂直交錯的刀痕，形成格子狀。

4 用手調整分切好的肉片形狀，以切
↓ 口稍微翻開的狀態盛盤。
Ⓑ

內橫
膈膜肉

分切內橫膈膜肉

讓刀子入刀時與肉的纖維紋理成垂直狀態，斜切成略有厚度的肉片。

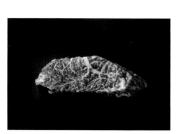

內橫膈膜肉切片
是一個沒有什麼特殊味道的部位，也有恰到好處的油花分布於其中。可以分切下來的肉量比外橫膈膜肉還要少，售價略高。

分切內橫膈膜肉的筋

有著富含彈性的口感，劃上刀痕作為燒烤食材供應。

內橫膈膜肉筋切片
具有獨特的彈牙口感，是老饕才懂得享用的部位。劃上刀痕作為燒烤食材供應，但由於數量不多，所以作為稀有部位販售。

把筋切下來

> **Point** 以大片的筋為分界線進行切割

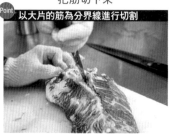

1 剔除周邊的筋與脂肪之後，在有著粗大筋的中央位置下刀，順著筋劃開。

2 由於筋不是直直地分布在其中，一邊探找筋的位置一邊劃入刀子，將單邊的肉切下來。

> **Point** 把筋從肉上面切下來

3 將附著在肉上面的筋割下來。這片筋會作為「內橫膈膜肉筋」商品化。

4 將內橫膈膜肉切成三個部分的狀態。中間是割下來的筋。兩側的兩塊肉則作為「內橫膈膜肉」供應。

橫膈膜中似是向下垂吊著的部位。雖然外橫膈膜肉較為受歡迎，但是就肉質來說則是「內橫膈膜肉較佳」。中間部分有被稱為「鬼筋（Onisuchi）」的大片筋，以這片筋為分界線，將肉進行分割處理。這片牛筋也作為稀有部位進行商品化。作為熟門熟路的老饕才知道的菜單接受預約。

日本國產

······························

供應菜單
國產上等內橫膈膜肉 ▶ P.67
珍品！內橫膈膜肉筋 ▶ P.67

特上等牛肩胛肉
1480 日圓（稅外）

直接依照下肩胛肋眼心的形狀分切而成的特上等牛肩胛肉。含有適度的油花分布，切出來的斷面也相當美麗。考量到肉質十分柔嫩，切成略有厚度的肉片。為了要善加利用食材本身的風味與香氣，僅以鹽巴做事先調味。不撒上胡椒。

肋眼肉捲帶側肉
1380 日圓（稅外）

將這個覆住下肩胛肋眼心的外側部分，作為「肋眼肉捲帶側肉」供應，將形狀整形成圓形進行商品化。牛肩胛肉部位零散的部分較多，一散開來就容易支離破碎。將其塑形成此形狀，不但燒烤的時候不會碎掉，還能以較大的切面做供應。獨特的斷面也能引起顧客的興趣。

前胸肉
680 日圓（稅外）

瘦肉質地而肉質稍硬的前胸肉，必須要劃上刀痕或是用刀子把肉敲鬆。藉由劃入刀痕不但可以讓肉更易於嚼食，還能從中品味到牛肉的鮮甜美味。將幾乎沒有油花分布於其中的鮮紅瘦肉捲成花的形狀，更能襯托出其色澤之美。僅以鹽巴做調味，帶出牛肉的鮮甜滋味。

肩胛三角肉
1280 日圓（稅外）

在單點的擺盤上面煞費苦心。將有著漂亮瘦肉的肩胛三角肉切片，以四片為一組捲成花的形狀，再進行擺盤。風味濃郁的肩胛三角肉和醃肉醬相當對味。只不過，為了不要減損肉片的漂亮色澤，先將醃肉醬淋在盤子上面，然後再把肉擺上去。

肩頸肉
530 日圓（稅外）

由於是風味鮮甜而具深度
的較硬肉質，向來很少會
在燒肉菜單裡面看到肩頸
肉。此處將肩頸肉的正反
兩面都劃入深深的刀痕，
作為燒肉食材供應。邊端
採用劃入細密相連的獨特
切法，讓人在享用時不會
特別留意到肉質的硬度。
實惠的價格也令其成為受
歡迎的料理之一。

牛腱肉（小腿）
630 日圓（稅外）

藉由將肉切得極薄，讓肉變得易於食用。恰如其日本名稱「千本筋」所示有著很多的
筋，但只要一經燒烤就會轉變成鮮甜美味，一咀嚼就會於口中擴散開來，相當具有深
度。僅以兩種鹽巴的混合鹽做事先調味。

日本國產牛舌拼盤
2480 日圓（稅外）

將具有高度稀有性的國產牛的牛舌分割成三個部分，組合成一個拼盤，讓人可以同時嚐味比較風味與口感上的不同。由於一盤就可以享用到厚切舌根、薄切舌中與舌芯的美味，所以點餐次數也多。

厚切 日本國產生牛舌
2480 日圓（稅外）

以一人份100g進行分切。分量切得比單點還要厚且更顯魄力。仔細地劃入格子狀刀痕，讓肉更容易烤熟，也能將表面格狀切口烤得酥香、內部柔嫩而多汁，同時品嚐到雙重層次的好滋味。

國產上等內橫膈膜肉

1880 日圓（稅外）

一頭牛身上就只能取得一條，稀有程度比外橫膈模肉更高。為了讓顧客能享用到恰到好處的彈牙口感，以略有厚度的厚切片供應。肉質風味較為清淡，故而以口味較濃郁的味噌醃醬做搭配。將醃肉醬鋪在盤子上面，再擺上肉片盛裝上桌。

珍品！內橫膈膜肉筋

580 日圓（稅外）

內橫膈膜肉本身的稀有程度就已經很高，分布在其中的這片筋更是一種珍饈般的存在。因為供應時間不定，時有時無，甚至有顧客喜愛到會特地打電話先做確認。為了要讓這種具有嚼勁的特殊口感更易於咀嚼食用，事先在上面劃上刀痕。

元祖おとしダレ ウルフ
池袋本店

"

將豪邁的燒肉塊以「元祖澆淋醬汁」香味薰烤

以這項招牌燒肉料理為武器，成為生意興隆店

"

出身自「燒肉トラジ」的店主洪徹秀先生，自2015年4月開始於池袋開店自立門戶。雖是一家開店才五年的新店，卻已以做好商標登陸的「元祖澆淋醬汁」為武器，成長為一家連日座無虛席的生意興隆店，開店隔年9月就又開了神田店。

這個「澆淋醬汁」是當初在摸索要以什麼料理作為店內的指標性商品時，從要烹煮給員工吃的烤雞肉串上面獲得啟發的。如烤雞肉串那般邊裹邊淋上醬汁邊烤，也以同樣的烹烤方式邊淋上醬汁邊烤肉。醬汁滴落到木炭上面會揚起裊裊白煙。而這縷縷白煙正是炭火燒肉的魅力所在，將煙燻香氣與烤肉香氣以「一目

瞭然」的形式，展現在顧客面前。

洪先生在醬汁與肉品進貨方面發揮其出身自トラジ燒肉店的優勢，與此同時也不斷地追求充滿店家自身魅力的原創性。澆淋醬汁會搭配長達40公分且經「Wolf Cut」處理的外橫膈膜肉、牛五花肉，或是一片180g的大片後腰脊肉等充滿魄力的牛肉做烹烤。包含細心地劃上刀痕並以豪邁大塊肉形式供應的牛舌在內。還有不少充滿高度話題性的菜單。這樣充滿話題性的牛肉，伴隨著顧客之間愉快的聊天，由員工進行烹烤。在裊裊上升的燻煙之中所營造出來的熱烈氣氛與代客燒烤的服務，讓不少顧客因而成為忠實粉絲。

SHOP DATA

地址・東京都豐島区池袋2-39-5
電話・03-5904-8338
營業時間・17點～25點（L.O.24點）
休息日・無休
場地規模・17坪・32席
平均單人消費・6000日圓

"

店主・洪徹秀 先生

在「燒肉トラジ」店鋪累積經驗後，於2015年獨立開業。將該店所培訓出來的肉品知識、燒肉的技術作為基礎，再加上具高度演出性而令人印象深刻的燒肉，打造出這家生意興隆的燒肉店。

牛舌

將舌根作為一個牛舌只能切得一份的「超級厚切上等牛舌塊」供應。切下舌根之後再朝著舌尖,相繼切下作為「鹽烤上等牛舌」、「鹽烤牛舌」的牛舌切片。雖然在商品的呈現上面分成了普通牛舌與上等牛舌,但是在處理牛舌的時候採用將周邊剝去一圈的獨特切法,僅使用牛舌美味的部分進行商品化。牛舌會在剝除舌皮的狀態下進貨。

日本國產・美國極佳級(U.S. Prime)

供應菜單
鹽烤牛舌 ▶ P.78
鹽烤上等牛舌 ▶ P.78
超級厚切上等牛舌塊 ▶ P.79

Point 劃入刀痕讓肉更容易烤熟

5 由於是一大塊肉直接燒烤,所以要在上面劃上深深的刀痕,讓熱度也能浸透到肉塊內部。在 4～5 公釐的間隔下,以不將肉切斷的深度,垂直地劃入深深的刀痕。

6 從邊端開始,等距劃上刀痕。

7 翻到背面。刀身與先前劃下的刀痕呈 90 度交錯,在背面也同樣地劃上刀痕。

8 藉由改變正面與背面的刀痕角度,即便深深劃入刀痕,也不至於讓肉變得支離破碎。

舌根

1 先切下用於「超級厚切上等牛舌塊」的舌根部分,以一個 200g 的分量供應。店內選用的牛舌於切除舌芯的狀態下進貨。

Point 切除周邊的肉,統一口感

2 牛舌只使用中間的部分。將舌根周圍帶有瘦肉的部分一齊切除。附著舌芯的部分也大範圍地切下。

3 一邊調整形狀,一邊將周邊的肉切除。

4 稍微殘留在表面的筋也細心地剔除。燒烤時會影響口感的部分也徹底地切除乾淨。

超級厚切上等牛舌塊的 燒烤方法

讓牛舌沾附檸檬香味的同時進行蒸烤，相當有視覺效果的一道料理。由店內員工在客桌之間來回穿梭，將切口的截面烤得具有酥香口感、內部烤得柔嫩多汁，讓顧客得以享用這樣的味覺對比。

1 由於刀痕的深度相當地深，為了不要讓肉分崩離析，只在表面進行事先調味。因此，調味略重一點。

2 以大蒜泥、芝麻油、調味鹽、大蒜粉進行調味。調味鹽由鹽巴與白胡椒混合而成。

Point 不讓形狀崩散，僅在表面進行調味

3 將調味料混合好之後，裹覆在牛舌的表面。

4 將牛舌擺放在檸檬切片上面，由上而下淋下 **3** 的醬汁。最後再在上面撒上現磨黑胡椒。

1 把牛舌根擺到烤網上面，將雙面燒烤定型，烤到微焦上色的程度。

2 將擺盤時墊在牛舌根下面的檸檬切片，鋪到烤網上面加溫。

Point 讓少許的檸檬酸味沾附到牛舌上

3 將表面烤至定型的牛舌根擺到檸檬切片上面。這樣的作法可以為牛舌根增添檸檬的香氣，還具有防止肉汁流失的作用。

4 覆上蓋子進行燜烤。以炭火加熱牛舌根的同時，將上升的煙壟罩在蓋子裡面，也能起到煙燻的效果。

5 待牛舌根中間也烤得差不多以後，拿掉蓋子，按照顧客人數將表面與中間部分進行分切。

6 拿掉檸檬切片，再進一步進行燒烤。先切下接近表面的部分給顧客享用。

Point 中間部分保留厚度進行分切

7 接著品嚐厚切的中間部分，享用內側肉汁的鮮甜美味。店內員工會在談話之間，為顧客引導這樣的享用方式。

8 附上鹽巴，讓顧客依個人喜好改變調味享用。

5 因為只使用中間部分，所以用手將肉往外拉，將肉整形得稍大一點再盛盤。

3 如同將皮厚厚剝下一般，將深紅色與帶筋的部分圓弧狀割下。割下的外側部分不作為商品。

舌中

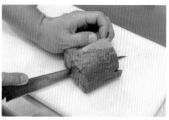

1 將切下舌根之後的舌中部位作為「鹽烤上等牛舌」供應。用顏色跟觸摸的手感分辨舌中與舌尖的交界線。將舌中縱向對半切。

舌中切片
只使用沒有筋、沒有深紅色澤且外觀漂亮的部分。將口感不好的部分全都切除。

4 進行薄切。由於切面會隨著接近舌尖而變小，而切面越小，厚度就切得略厚一點。這是為了要讓每片肉的公克數均等。

Point 辨別口感不同的部分

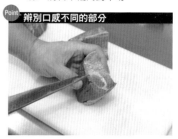

2 察看肉的斷面，有白色的筋分布於其中，周邊的紅色也較為深色。將這些部分整個割除，僅將中間部分進行商品化。

Point 使用斷筋器將肉變軟

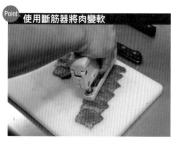

5 利用斷筋器在牛舌肉片上面均勻地打洞。即便割除周邊的肉，肉質還是很硬，所以使用斷筋器將肉變得柔軟。

Point 厚厚地切除上下與側面

3 只使用中間部分。切除側面與下側。

舌尖

1 是個肉質雖硬卻有著濃郁鮮甜滋味的部位。和舌中一樣，將周邊都切除，只使用中間部分

舌尖切片
切除周邊的肉之後，進行薄切。切面雖小卻有著濃郁風味，越嚼越能嚐到牛舌的鮮甜滋味。

4 進行薄切。因為切面較小，所以用手攤平拉大以後盛盤。

2 將有白色筋分布的部分與周邊部分都切除。比起切片的大小，更以口感為優先，大範圍地將其切除。

外橫膈膜肉

人氣高到幾乎是店內每桌都會點上一盤的「外橫膈膜肉條」佐澆淋醬汁。外橫膈膜肉條會用被稱為是「Wolf Cut」的獨有切法處理，切成一條約40公分150g的肉條。經過雙面深深劃入刀痕的Wolf Cut處理，切出極具魄力的長度。澆淋醬汁的味道也能更加滲透入味。

日本國產‧美國極佳級（U.S. Prime）

供應菜單
招牌元祖澆淋醬汁
Wolf Cut外橫膈膜肉條 ▶ P.81

Point 配合厚度與寬度將肉切成長條狀

5 由於是人氣商品，分切的時候盡量不要浪費。拍攝時將一個外橫膈膜肉分切成六條。

6 以 Wolf Cut 進行切割處理。在肉條的表面斜向劃入刀痕。以 7～8 公釐的間隔劃入深至厚度八成深的刀痕。

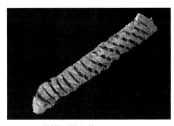

7 背面則是垂直肉的纖維劃入刀痕。和表面同樣以 7～8 公釐的間隔，劃入深至厚度八成深的刀痕。

Wolf Cut外橫膈膜肉條
藉由在表面斜向劃入刀痕、背面垂直劃入刀痕，讓肉可以在不至於支離破碎的狀態下，延伸出長至40公分的長度。也能讓醬汁更容易附在肉上面。

Point 於前一天進行修清，蒸散多餘水分

1 通常會在前一天的營業時間，提前將隔天要用到的外橫膈膜肉處理好。靜置一個晚上，可以恰到好處地將水分蒸散掉一些，讓肉更為顯色。

2 為了要將一整個外橫膈膜肉毫不浪費地都切成「外橫膈膜肉條」，仔細計算之後再行分切。寬度足夠大的部分，縱向對半分切。

3 厚度夠厚的部分，從中劃入刀痕將肉攤開成長度一致的長條肉。為此，將肉切成寬度較小的厚肉塊。

4 下刀將肉割開，攤開成一長條狀。從肉的厚度中間劃入刀子，將肉割開。一邊割開一邊留意不要將另一端也切斷。

傘肚
（牛皺胃）

肉的第四個胃。可以再細分成厚實且脂肪較多的「傘肚芯」（照片右側）與扁薄且脂肪較少的「傘肚」（照片左側）。關東地區的店家多半只使用「傘肚芯」，而店內引進關西地區的用法，也供應「傘肚」，讓顧客能夠分別嚐到箇中美味。

日本國產

供應菜單
傘肚芯 ▶ P.77
傘肚 ▶ P.77

分切傘肚芯與傘肚

以 45℃程度的熱水洗去澀味，再以冷水緊實肉質。拭乾水分之後，在胃壁厚實程度與脂肪含量呈現出明確差異之處下刀。右手邊是傘肚芯，左手邊則是傘肚。

③ 由於上面帶有大量脂肪，故而將多餘的脂肪割除。不過，傘肚芯是個脂肪相當美味的部分，需留意不要過度切除。

傘肚芯

① 將切下來的傘肚芯，進一步切成容易分切的長條狀。

Point 劃入刀痕使其更易於咬斷嚼食

④ 為了要減緩傘肚芯過於彈牙的嚼勁，在胃壁一側以 5 公釐的間距劃入刀痕，再分切成一口大小。

② 將脂肪側朝上，以大約 3～4 公分的寬度進行分切。

傘肚芯切片
背面帶有足量脂肪。傘肚的胃壁不易咬斷嚼食，故而在上面劃入刀痕。

調味

味噌醃肉醬

醃肉醬準備了以醬油基底、味噌基底製成的醃肉醬。用於內臟肉的醃肉醬使用以苦椒醬為基底的濃郁味噌醃肉醬。

為了要讓脂肪較多的傘肚芯確實醃漬入味，用手充分抓醃。

鹽醃

以鹽巴調味時，於每次要使用的時候再行調味。基本上會搭配大蒜泥、芝麻油、調味鹽（混合鹽巴與白胡椒）。

用手混拌的同時讓肉醃漬入味。為了要讓香味更加突顯，盛盤以後再撒上現磨黑胡椒做最後的提香。

傘肚芯

傘肚

Point 劃入刀痕使其更易於咀嚼食用

③ 將脂肪側朝上擺放，以 5 公釐的間隔劃上刀痕。劃入的刀痕深度深至接近胃壁。

傘肚

① 傘肚的特徵是皺褶之間帶有脂肪。有著比傘肚芯更為高雅的清甜風味。

② 一邊拉起皺褶的同時，一邊將其分切成長條狀。由於保留皺褶進行分切，所以寬度切得比傘肚芯還要窄一點。約莫 2 公分左右。

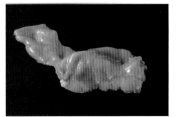

傘肚切片
皺褶部分的口感為其特色所在，保留皺褶之處進行分切。

牛頰肉

⑤ 為了讓肉變得更容易切片，以負5℃的溫度半冷凍一晚，讓肉變得緊實。

① 將附著在其中一邊的皮剝除。以修筋刀劃進皮與肉之間，一邊拉著皮一邊劃入刀子。

意即牛的臉頰肉。牛頰肉在關西地區也被稱為「天肉」，店內便以這個稱呼將其商品化。由於是個經常活動到的肌肉部位，所以肉質較硬，但同時也是個風味濃郁、越嚼越有味道的部位。為了要讓牛頰肉更易於分切，於負5℃的溫度下靜置一晚，讓肉變得緊實，再進行薄切。

日本國產

供應菜單
天肉 ▶ P.77

⑥ 待顧客點餐之後再做分切。此部位具有彈性，因此將其切得極薄。

② 將一整面的皮都剝除乾淨。

③ 一邊剔除表面的筋，一邊修整形狀。

牛頰肉切片
由於是一個沒有什麼厚度的部位，所以按照肉原本的形狀分切成長條狀。將肉半冷凍讓肉變硬，以便於進行薄切。

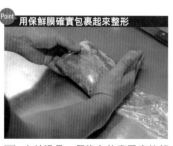

④ 由於這是一個沒有什麼厚度的部位，於是就按照肉的形狀進行分切。以低溫將肉變得緊實之前，先以保鮮膜將肉緊緊地包裹起來調整形狀。

傘肚芯
500 日圓（稅外）

身為內臟肉的牛皺胃的魅力在於高雅的油脂甜味，以及富有彈性的口感。店內引進關西地區的用法，將其分成「傘肚芯」與「傘肚」供應。富含脂肪的傘肚芯搭配以風味濃郁而具辣味的苦椒醬為基底作成的味噌醃肉醬享用。

傘肚
500 日圓（稅外）

在關東地區算是相當稀有的牛皺胃「傘肚」部分。可以嚐到比傘肚芯更具咬勁的口感，分布於其中的油脂也伴隨著咀嚼，於口中擴散開來。以鹽巴調味時，會使用事先混合調配好的白胡椒鹽，避免令味道出現落差。香味宜人的黑胡椒則是最後要供應前現磨撒上。

天肉
980 日圓（稅外）

其濃郁的風味令其默默有著不少愛戴者。特意將越是咀嚼就越有味道的牛頰肉，以關西地區的稱呼「天肉」來命名做供應，也可以成為和顧客之間的話題之一。由於是以極薄的厚度進行供應，故而不以醃肉醬抓醃，而是在盛盤以後，撒上鹽巴與黑胡椒。

鹽烤牛舌
980 日圓（稅外）

不論是舌尖或是舌根，都徹底地將口感不同的部分修整掉，僅使用中間部分。厚厚地切掉舌尖周邊的肉之後，再以斷筋器將肉的纖維截斷，讓這個肉質較硬的部位吃起來變得柔軟。以顛覆人們對普通牛舌印象的高品質供應，再加上具有高性價比的優點，是人氣相當高的一道料理。一人份約80g。

鹽烤上等牛舌
1480 日圓（稅外）

是牛舌菜單之中最具人氣的品項。將帶筋的部分與色澤深紅的部分都確實切除，讓人得以充分品嚐牛舌的柔軟口感與多汁美味。以大蒜泥、芝麻油以及調味鹽進行調味。最後再撒上現磨黑胡椒。一人份約80g。

超級厚切上等牛舌塊

3480 日圓（稅外）

舌根200g為一人份。因為一個牛舌只能切得一份，所以有很多人會在來電訂位的時候會順便加點。如岩石一般深具魄力的外觀，在燒烤的同時以檸檬增添香味與酸味，是這裡才有的獨創烤法。有不少團體客想要一嘗店內員工以燒烤技術所烹烤出來的美味而點餐。

招牌元祖澆淋醬汁 特選僅此唯一牛五花肉
1980 日圓（稅外）

以一片180g進行分切的「招牌元祖澆淋醬汁」後腰脊肉。想讓顧客先以簡單的調味品嚐A5等級的後腰脊肉，因而撒上鹽巴・黑胡椒之後供應。佐以山葵泥或檸檬享用之後，再淋上澆淋醬汁烹烤。能夠享用到這樣的「風味轉變」也相當富有吸引力，使其成為一天可以確實達25份出餐數的人氣品項。

「元祖澆淋醬汁」備有醬油基底與味噌基底兩種，能夠個別按照肉的特性去做使用。

招牌元祖澆淋醬汁
Wolf Cut外橫膈膜肉條

1480 日圓（稅外）

將醬汁盛裝在印有店名的醬汁壺裡，
再把以Wolf Cut處理過的外橫膈膜肉
條浸到其中，端至客席。長達40公分
的外橫膈膜肉必定會引來顧客的歡呼
聲，擺到烤網上面燒烤的模樣更是炒
熱了客席上的氣氛。是店內幾乎每桌
都會點上一盤的招牌菜。同系列除了
外橫膈膜肉之外，還有牛五花肉片，
也是相當受歡迎的一道菜。

將外橫膈膜肉從醬汁壺中取出，豪邁地
擺到烤網上面。待雙面都烤至微焦上色
再淋上澆淋醬汁，當醬汁滴落在木炭上
面便會升起裊裊輕煙。排煙管會將這些
煙向上吸除，讓肉環繞在煙燻香氣之中。
待肉烤得差不多熟之後，再依顧客人數
進行分切。這一連串的動作會由店內員
工代勞，在最剛好的燒烤狀態端給顧客
享用。

やきにく萬野

ルクア大阪店

"

向生產者指定「肉鋪業者真心想吃的肉」，
從去骨到支解都在自家公司進行處理。
其牛隻支解技術也專家雲集

「當我們去思考自己真心想吃的是什麼樣的肉時，就會發現並非能用等級一概而論。」基於這樣的想法，萬野屋公司店鋪內所供應的牛肉落在A3～A4等級。有不少店家會受限於等級的迷思而追求A5級別的牛肉，萬野屋公司卻是實地走訪產地，從值得信賴的生產者手中採購符合公司標準的肉品。其指定的牛隻標準則是月齡30個月以上長期肥育的未經生產的雌牛，包含牛隻血統與飼料等肥育方法在內，對於牛隻的肉質審視再三。

接著再進一步地，在長年累積精選肉鋪的經驗與技術的自家中央廚房裡面，由店鋪員工從去骨開始進行牛隻的支解。據萬野先生表示，這樣的屠體加工技術，可以培養出員工判別肉品的眼光，在進貨或商品化的時候也能派得上用場，對於燒肉店來說是項不可或缺的技術。

目前，萬野屋所經營的燒肉店以總店「やきにく萬野」為首，還另有內臟燒烤專店、可以享用到獨創肉料理的高級店、能享受一個人燒烤的吧檯型態燒烤店等九家店鋪，為顧客提供享用燒肉之樂的多元型態。身為執行董事的萬野先生，目前除了協助燒肉店的開店營運規劃之外，也設立了研修制度，對外界的其他燒肉店、飲食店進行技術指導。萬野先生所做的一切，都是為了要將享用肉的準確技術與正確資訊向外傳遞出去。這一次，萬野先生將為我們公開，如何將稀有而具高度價值的牛肩部位，從去骨到商品化。

SHOP DATA

地址 ・ 大阪府大阪市北区梅田 3-1-3 ルクア大阪 B2
電話 ・ 06-4798-2929
營業時間 ・ 11點～24點（L.O.23點，飲料 L.O.23點 30分）
休息日 ・ 無休
場地規模 ・ 24坪・38席
平均單人消費 ・ 4000日圓

萬野屋股份有限公司
執行董事・萬野 和成 先生

出生於自1930年創業的精選肉鋪之家，其濡目染之下習得了一身牛隻屠體加工與去骨等等的肉品加工技術。基於想要將享用肉的正確知識傳播出去的想法，開店經營「やきにく萬野」。可以在與總店併設的Mannoya Beef Factory裡面，習得肉品的知識與技術研習或是開店營運規劃委託。

83

帶骨
牛肩部位

是牛的前腿至肩胛骨的部分，可以分割出肩胛板腱肉、肩胛三角肉、肩胛里肌等，相當受歡迎的部位。由三根骨頭組成。若是在支解的時候花費掉太多的時間，就會使肉產生劣化，必須要盡早且快速地以較少的下刀次數，有效率地進行分割。由於去骨的技術會影響到肉的品質，故而萬野屋也會定期地舉行店員的程度檢測。

黑毛和牛A3・A4

供應菜單

前腿腱子肉 ▶ P.94
前腿腱腱子心 ▶ P.92
肩胛里肌（黃瓜條）▶ P.92
極雌Surend ▶ P.93
肩胛板腱肉 ▶ P.92、94
肩上蓋肉（Kawara）▶ P.92
肩胛三角肉 ▶ P.92

[去骨]

將肩胛里肌切下

⑤ 將自前小腿處開始切入的刀子，劃向肩胛里肌（黃瓜條）一側，將肩胛里肌切下來。

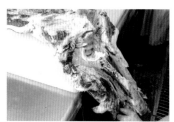

⑥ 前小腿上面、照片的右側為肩胛里肌。先將肩胛里肌切下來，能讓之後去骨的作業更加順利。

去掉前小腿骨

⑦ 在骨頭與骨頭之間的關節部分下刀，將骨頭分離。

⑧ 握著分離下來骨頭，細心地將刀子割開肉還連著的部分，將骨頭自肉中卸下來。順利取下第一根骨頭。

沿著骨骼切割入刀

① 將經過萬野屋鑑別選購且加工處理過的牛肉，以「極雌萬也和牛」之名商標化。為牛隻加上個體識別編號，自出生以來所餵食的飼料都瞭如指掌。

② 在前小腿骨處下刀。為避免割傷腿肉，沿著骨骼肌將肉切開。使用支解牛隻用的專用刀。

③ 為了更容易去骨，將刀子劃向骨頭旁邊的肉，準確地進行切割。

④ 由於關節部分也有肉深入分布於其中，在關節的周邊密集地劃入刀子，讓骨頭更容易去除。

去掉肩胛骨　　　　　　　去掉上臂骨

17 翻面之後，自肩胛骨上面取下肩胛板腱肉。將銼刀插入骨骼肌與骨頭之間，沿著筋將骨頭撬開。

13 肩胛骨是塊平坦的骨頭，也被稱作是琵琶骨。這塊骨頭的下側有塊肩胛板腱肉。先將上側的上肩胛板腱肉切下來。

9 接著繼續卸掉上臂骨。將刀子割入至骨頭下緣，把肉與骨頭切離。

18 再次將肉翻面，改換成拿刀子，一邊提起骨頭，一邊將肉割開取出骨頭。

14 像是要從肩胛骨上面將肉挖開一樣，橫臥刀子，將肩胛板腱肉自肩胛骨上面割下來。

10 在骨頭的另一邊也下刀，沿著骨頭將附著在骨頭上側的肉割離。將上臂骨另一邊的關節部分也切離。

19 切開到邊緣以後，割開骨頭與肉之間的筋，把骨頭從肉上面割開來。就這樣順利地把第三根骨頭取下。

15 將肩胛板腱肉割開至肩胛骨的另一側之後，接著自肩胛里肌側邊的肩胛骨下方插入銼刀，自肉上面將肩胛骨挑離。

11 由於關節部分的形狀較為複雜，所以密集地劃入刀子。只要將附著在骨頭上的肉割離骨頭，骨頭的輪廓就會顯現。

20 自左邊開始，分成了肩胛里肌、肩胛板腱肉、上肩胛板腱肉的肉塊。接下來便按照各部位進行分割。

16 接著，在骨頭與肉之間的筋之處下刀，將骨頭從肉上面割下來。照片遠側是上肩胛板腱肉，近側則是肩胛里肌。

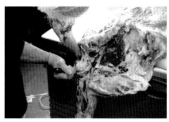

12 握著先前卸下第一根骨頭的關節處，一邊將還附著在肉上面的肉割離，將骨頭自肉中卸下，取下骨頭。順利取下第二根骨頭。

切下上肩胛板腱肉

切下前腿腱子肉

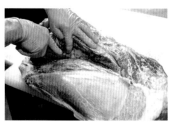

8 拉起肩胛板腱肉，一邊確認切割位置一邊劃入刀子，小心謹慎地不要傷到肩胛板腱肉。

4 將位在肩胛骨上側的上肩胛板腱肉割下來。在上肩胛板腱肉與肩胛腱肉之間劃入刀子。

1 取下骨頭之後，成為一整片肉的狀態。照片的最上方是前小腿部分。分割的時候需留心不要割傷其餘部分，在各部位的交界處下刀。

9 將肉塊立起以便於作業，在肩胛板腱肉與肩胛三角肉之間下刀。

5 一邊向上提起上肩胛板腱肉，割開連接在一起的部分，切下上肩胛板腱肉。

2 被稱為前腿腱子肉的部位。屬於肌肉質地緊實而具有濃郁的鮮甜美味。只要薄切之後再以刀敲打，就能作為燒烤食材供應。

切下肩胛板腱肉

切下肩胛里肌

10 切割至肩胛板腱肉的根部後，於根部的脂肪位置將肉割下。

6 肩胛板腱肉的外側有著肩上蓋肉與肩胛三角肉。在這兩個部位之間下刀。

3 在關東被稱為黃瓜條的部位。由於取下骨頭時，便已經是幾近切離狀態，割開根部將肉切下來。

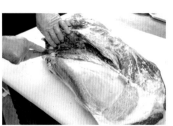

7 表面光滑的部分為附著在肩胛骨上面的部分。細細地辨別肉塊各部位，沿著肩胛板腱肉劃入刀子。

切下前腿腱子心

15 前腿腱子肉裡面有個部分特別柔嫩。照片中是經過修清處理而切下來的前腿腱子心。在牛前腿中算是適合作為燒烤食材的部位。

切下肩胛三角肉

13 自剩餘的肉塊上面切下肩胛三角肉。肩胛三角肉因為形似栗子，所以日文名稱又可稱為「クリミ（栗見）」。順著肩胛三角肉的形狀劃入刀子。

14 剩下來的部分即為肩胛三角肉。

切下肩上蓋肉

11 照片的近側是肩上蓋肉，遠側則是肩胛三角肉。又稱為「河原（Kawara）」的肩上蓋肉部位。在肩上蓋肉與肩胛三角肉之間下刀。

12 肩上蓋肉疊覆在肩胛三角肉上面，故而在中間的脂肪層下刀，像是要將肩上蓋肉拉開一般，割開邊緣將肉切下來。肩上蓋肉一下子就能夠切下。

自牛肩肉分切下來的部位

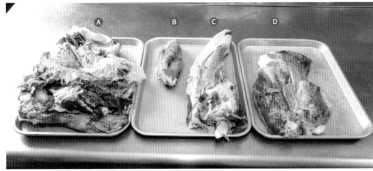

Ⓐ 前腿腱子肉
Ⓑ 前腿腱子心
Ⓒ 肩胛里肌（黃瓜條）
Ⓓ 上肩胛板腱肉
Ⓔ 肩胛板腱肉
Ⓕ 肩上蓋肉（Kawara）
Ⓖ 肩胛三角肉

在自家中央廚房經過支解處理的牛肉，不會以真空包裝進行分裝，而是以肉品包裝紙分裝起來，再分送到各家店鋪裡。這是因為真空包裝會對肉加壓，也會造成肉汁被擠出來。肉品的保存環境為濕度近70%的保濕冷藏室。於使用之前才進行修清處理，減少牛肉與空氣接觸的時間，藉以保持鮮度。

上肩胛板腱肉

1. 是一個不含油花的部位，特色在於有筋分布於其中。在這條筋的分布之處將肉割開。

Point 將筋剔除乾淨

2. 有層筋膜附著在肉的表面，將此筋膜剔除。用刀尖劃入肉與筋之間，在邊緣割開一道切口。

3. 以割開之處開始，似是要剝皮一般地將筋膜割下來。

4. 有細小的筋分布於其中。不作為燒烤食材使用，而是將肉塊表面煎烤之後細切成肉條，作為店內原創料理生拌牛肉「Surend」供應。

Point 細細地劃上格子狀刀痕

5. 因為肉質容易蜷縮，所以細心地在上面劃入刀痕。像是要把筋割斷一般，在上面劃上細密的格子狀紋路。

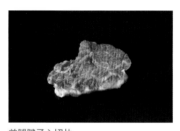

前腿腱子心切片
以刀工技術將原本較硬的肉質變軟，令具有濃郁鮮甜滋味的前腿腱子肉部位，成為美味的燒肉食材。

前腿腱子心

1. 牛前腿肉中肉質較柔軟的部位，作為燒烤食材能夠享用到其濃郁風味與獨特口感。先剔除表面的筋。

2. 因為也有較硬的筋，需確實地剔除乾淨。直接就以這樣的細長形狀進行分切。

Point 邊端較硬的部分製成絞肉使用

3. 前腿腱子心的兩邊特別地硬，將其切下來用在做成絞肉等用途。

4. 從邊端開始進行薄切。雖然有筋分布於其中，但是只要在上面劃入刀痕，就能夠降低其存在感。

肩胛三角肉　　　　　　　肩胛板腱肉

1 將表面進行修清處理。用刀子劃入肉與筋膜之間，薄薄地割下筋膜。

1 將附著在肩胛板腱肉表面的筋剝除乾淨。

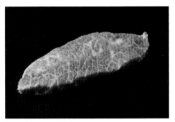

Ⓐ 肩胛板腱切片
由於切成薄片會難以突顯肩胛板腱的口感，所以切成稍微有點厚度的肉片。因為切面較大，所以再將肉片對切成兩半。

2 根據切割部位不同，時而反手握刀，在肉與筋膜之間下刀，剝下筋膜而不傷及裡面的肉。

2 此處使用切面十分漂亮的部分。店內使用的肉是 A3 ～ A4 等級。油花的分布相當美麗。

Ⓑ 肩胛三角肉燒肉切片
咬下去有著紮實的口感，但因為可以輕鬆撕咬下來，所以不再另外劃入刀痕，僅直接進行肉片分切。

3 瘦肉部位相當漂亮，作為塊狀燒肉塊供應。使用較為厚實的部分，進行修清處理並整形。由於邊端部分肉質較硬，故而將其切除。

Point 以能夠切斷纖維的角度分切

Point 活用漂亮的切面切成大片肉

3 垂直肉的纖維紋路，切成稍微厚一點的肉片。善用肩胛板腱肉十分具特色的美麗切面，切成大片的肉。

肩胛三角肉燒肉塊
切成大塊狀，用來作為秤重販售的瘦肉「極雌萬也和牛燒肉塊」使用。肩胛三角肉的瘦肉細密程度格外突出。

4 也作為一般燒肉切片供應。平行肉
↓ 的纖維紋理切成長條塊狀，再垂直
Ⓑ 纖維切成片狀。

4 以 5 公釐左右的間距斜向劃上刀
↓ 痕，藉以享用更富彈性的彈牙口
Ⓐ 感。

肩上蓋肉

1　肩上蓋肉是個又被稱為「河原（Kawara）」的部位。割除覆蓋在表面的筋與脂肪。

2　一邊割去表面的筋與脂肪，一邊將外觀修整得平整。

Point 在表面留下適度的脂肪

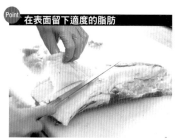

3　將另一側厚厚脂肪也割除。這層脂肪的融點較低，入口之後的滑順度也很好，所以留得稍微厚一點。

4　做好修清處理並且修整過外觀之後，進行分切。由於是肉質較硬的部位，所以進行薄切。

Point 切除當中的筋

5　這片筋在中途會變得柔軟起來，作為燒烤食材使用時，只切到筋不會再影響到口感的地方為止。

6　查看肉的纖維紋理，薄切成薄片將纖維切斷。

Point 劃入刀痕讓較硬的肉質變得柔軟

7　由於是肉質較硬的部位，適合薄切之後再劃入刀痕。以單一方向，斜向劃上細密的刀痕。

肩胛里肌切片
雖是肉質紋理較粗的部位，但肉的色澤紅嫩，具有瘦肉的清爽風味。劃入刀痕以易於食用的形式供應。

肩胛里肌

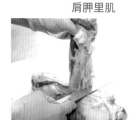

1　由於表面覆有厚厚一層脂肪，所以一開始先割除周邊的脂肪。

2　漸漸可以看出肩胛里肌的形狀。邊端有著較硬的筋，將筋連同脂肪一起割除。

3　肌肉質地的肉質紋理較粗，也有筋分布在肉裡面。如果有筋殘留就會影響口感，細心地將其剔除。

4　肉裡面也有粗大的筋分布其中。這片筋會影響口感，像是要把肉剝開般地一邊把肉割開一邊把筋割下來。先割下邊緣，割開一個開口。

調味

基於「希望能享用肉品本身的味道」的想法，不以醃肉醬事先抓醃調味，而是不加調味直接燒烤，或是在肉上面淋上醃肉醬、在肉上面撒上少許鹽巴，以少量調味的方式供應。

這是因為若是進行抓醃，就會導致肉的風味流失。內臟肉另有味噌沾醬做搭配。

5 為了要讓烤出來的口感更佳，在肉片上面劃上刀痕。只需單面劃上刀痕即可。

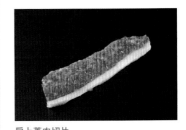

肩上蓋肉切片

留下少許脂肪，可以讓肉嚐起來更香醇一點。使之成為紅白相互映襯之下更顯美麗的肉片。

桌用沾醬組合

放於桌上的是「萬野屋」特製高湯醬油，以及作為調味佐料的切碎山葵與切碎生薑。將山葵與生薑切碎而非磨泥，藉以增添鮮脆的口感。也有不少人會在將肉吃掉以後，再夾著配來吃。

高湯醬油

雖也有準備沾肉醬，但最為推薦的是佐搭高湯醬油。特別訂製生產的高湯醬油也有單獨販售。500ml 售價 650 日圓（稅外）。另售有營業用版本。

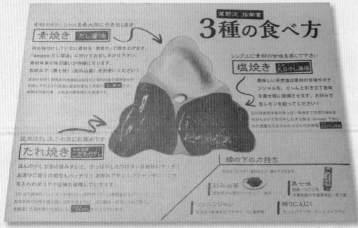

三種享用方式

以吧檯座席為主體的「やきにく萬野 ルクア大阪店」裡，在桌上擺放了能夠讓燒肉嚐起來更為美味的「單烤」、「鹽烤」、「醬烤」三種燒烤指南的桌墊紙。

カワラ

トンビ

クリミ

ハトチマキ

ミスジ

牛肩全享五品拼盤

- 肩上蓋肉 ● 肩胛里肌 ● 肩胛板腱肉
- 前腿腱子心 ● 肩胛三角肉

※價格會依據拼盤組合而變。 ※照片為雙人份

將五種自牛肩部位分割下來的部位盛裝在同一盤裡面，組合成可以嚐味比較的拼盤。自牛肩分切下來的各個部位，在肉質、味覺、風味與氣味上面都具有各自的特色，光是品嚐牛肩的各部位就能夠享用到牛肉多彩的魅力。分切時依據肉質而進行肉片厚度上的調整，並在肩上蓋肉、肩胛里肌肉、肩胛板腱肉上面分別劃上刀痕。

極雌Surend

980日圓（稅外）

「Surend」是基於想要創造出新的趨勢的想法而命名出來的名稱。使用自家公司鑑別選購的優質「極雌萬野和牛」身上的瘦肉部位製作而成。將放到平底鍋上香煎過的一分熟牛排細切成肉條，混拌上以蔥花、白芝麻、醃肉醬與芝麻油調和而成的醬汁。最後在上面擺上一顆蛋黃，呈現生拌牛肉風格。品嚐時混合蛋黃一起享用。照片中的Surend使用的是上肩胛板腱肉。

和牛壽司組合（4貫）

1600日圓（稅外）

對時常推出嶄新肉料理的「萬野屋」來說，已成為目前經典料理的肉壽司，也有著相當豐富的類型變化。照片中的是梅田店鋪「肉卸 萬野屋 別邸」所提供的肉壽司樣式。可以品嚐到不同部位的四貫壽司組合。由霜降牛肉握壽司、牛瘦肉握壽司、炙烤牛前胸肉握壽司、Surend（生拌牛肉風格的一分熟牛排）軍艦壽司等組合而成，宛如黑鮪魚一般的和牛壽司饗宴。

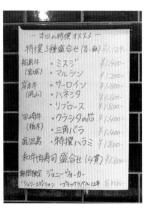

稀有性較高的推薦肉品，會以POP手寫的方式做介紹。標示出產地，並冠上生產者的名字，藉以向顧客表明店內選用有生產履歷的肉品。

前腿腱子肉（牛腱肉）　　半份310日圓（稅外）

上等瘦肉（牛外後腿肉）　　半份550日圓（稅外）

肩胛板腱肉　　半份700日圓（稅外）

「やきにく萬野 ルクア大阪店」的燒肉菜單。除了有一人份四片的組合之外，還有分量減半的兩片組合。以吧檯座席為主體的酒吧型態，吸引了不少一個人前來邊吃燒肉下酒的飲酒顧客，而店家在餐點的份量上面也下足了工夫，好讓顧客能輕鬆地點選各種部位的肉享用。也能隨個人喜好選擇不加調味單烤、鹽烤或醬烤。桌上也準備了寫有說明的桌墊紙，為顧客標示各式各樣享用肉品的方法。

照片最上方是「前腿腱子肉（牛腱肉）」、左邊是「上等瘦肉（牛外後腿肉）」、右邊則是「肩胛板腱肉」。

推薦牛內臟綜合拼盤七品

2200日圓（稅外）

• 上等傘肚　• 牛大腸　• 牛心管　• 瘤胃三明治　• 牛小腸　• 舌下芯　• 牛心

「やきにく萬野 ルクア大阪」的牛內臟菜單。除了
店家推薦的七品綜合拼盤之外，還有1380日圓（稅
外）的四品組合。除了單點以外，還推出這樣的綜
合拼盤，也能藉以調整出餐數。由於可以在一盤裡
面品嚐到各種部位，所以在顧客裡面也具有相當高
的人氣。牛內臟肉每週從日本全國15家屠宰場，完
整進貨50頭牛份的內臟，於自家的中央廚房加工。
使用徹底進行新鮮度管理的新鮮牛內臟。

宮城・仙台

大同苑 仙台一番町店

位在岩手縣盛岡的總店「大同苑」創業於1965年。開業50幾年以來，作為一間與當地人關係緊密的燒肉店，擁有值得誇耀的高人氣。自第三代繼承人兼執行董事的吉川龍海接手後，開始擴大業務，分別於2010年開設仙台泉中央店、2013年開設仙台一番町店與JR盛岡ビル店，更於2018年12月同樣在一番町開設了內臟燒烤酒吧，目前已經展店至五家店鋪。

之所以能有這樣飛躍性的進展，可歸諸於店家以當地前澤牛、仙台牛作為燒肉主角，再加上能夠令這些高級品牌牛更加美味的技術。店內所選用的牛肉，有指定牧場也指定買主的前澤牛，也有冠軍和牛輩出的石卷肥育農家所培育出

來的仙台牛等，使用可以得知生產者履歷的牛肉。不易有油花分布但瘦肉十分美味的前澤牛、屬於霜降肉但口感清爽的仙台牛，總料理長金龍泰先生在支解牛隻的時候，會依照它們各自的肉質特色進行處理，讓牛肉能夠在享用起來最為美味的狀態下商品化。「希望顧客都能夠嚐看看，優質牛肉的油脂有多麼美味。」基於這樣的想法，一併購入牛中腹部與外腹部並且積極地販售。雖然現在因為遇到了值得信賴的業者，所以大多交由業者進行分割處理再進貨，但在此還是會特別介紹金先生是如何去除內臟肉的獨家方法、店內招牌商品的「牛

處理牛肉。還特別於書中公開他去除內臟肉的獨家方法、店內招牌商品的「牛舌蔥鹽捲」的製作方法。

SHOP DATA

地址・宮城県仙台市青葉区一番町 4-2-20
電話・022-796-3729
營業時間・週二～週六 11 點 30 分～ 14 點 30 分、17 點～ 23 點
　　　　　週日・例假日 11 點 30 分～ 14 點 30 分、17 點～ 22 點
　　　　　最後點餐至打烊前 30 分鐘
休息日・週一（當天遇例假日，則改休週二）
場地規模・45 坪・36 席
平均單人消費・中午 1500 ～ 3000 日圓、晚上 1 萬日圓

總料理長・金龍泰先生

出生於自昭和40年（1965年）創業的燒肉老店之家「大同苑」，長年從旁協助家中的燒肉事業。目前作為盛岡本店、仙台一番町店等全系列店鋪的總料理長，肩負店內肉品味道的把關者。為了向其學習該項技術，甚至還有不惜從東京遠道而來研修的料理人，深得同業信賴。

[分 割]　　　牛中腹部

切下牛腹筋膜肉

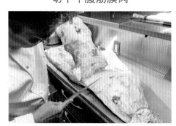

5 攤開的腹肉表面覆有一塊牛腹筋膜肉,將這塊腹筋膜肉割下來。這塊肉切下來以後會作為絞肉或燉湯材料使用。

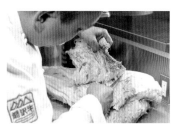

6 將牛腹筋膜肉割下來以後,再次將肉彎折起來。彎折的部分有層薄薄的肉,將其割下來。

7 這塊薄薄的肉也作為絞肉或燉湯材料使用。

切下後腰脊翼板肉

8 將切下 6 的薄肉一側立起,從中腹肉上面切下後腰脊翼板。照片近側是後腰脊翼板。切除脂肪與薄肉的部分。

切下牛肋條

1 一開始先割下牛肋條。割除附著於牛肋條表面的筋與脂肪,在牛肋條的根部下刀,一邊將其向上拉起一邊割除。

2 將刀子劃入牛肋條根部的同時,將其從牛腹上面切下來。

3 切下來的牛肋條有六條。作為普通牛五花肉或牛肋條五花肉推薦菜單供應。

4 將切掉牛肋條的那一面朝下,剔除表面脂肪之後,將肉攤開。

位於仙台的店鋪主要使用的便是仙台牛。照片裡的是冠軍和牛輩出的肥育農家,花費32個月肥育出來的仙台牛腹部,以中腹部、外腹部為一組的方式進貨。中腹肉是靠近肩胛一側肋骨周邊的肉,取自肉質柔嫩的後腰脊翼板連接油花分布均勻的肩胛小排的優質部位。以一整片肉折成兩半的狀態進貨。拍攝時的中腹部約22kg。

仙台牛A5

供應菜單
特選牛五花肉 ▶ P.112
上等牛五花肉 ▶ P.112
中等五花肉 ▶ P.113
牛五花肉 ▶ P.113
後腰脊翼板 ▶ P.111
牛腹筋膜肉 ▶ P.114

17 為自16切割下來的小肉塊進行修清處理。將覆於表面的筋與脂肪剔除乾淨。

13 拉起上方的上蓋肉，一邊用手剝離一邊用刀子向前割開脂肪。將下方的肉作為特選牛五花肉供應。

Point 剔除多餘的脂肪

9 切至後腰脊翼板邊緣將脂肪割開，切下後腰脊翼板。

Point 散布於其中的筋也仔細剔除

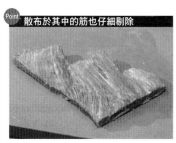

18 將分布在肉凹陷之處的筋也割除掉。

14 為上蓋肉表面的筋與脂肪進行修清處理，將周邊的脂肪修整平整。可用來作為普通牛五花肉使用。

10 將附著在後腰脊翼板周邊的多餘脂肪剔除乾淨。

切下特選牛五花肉

19 為自16切割下來的大肉塊進行修清處理。同樣剔除覆在表面的筋與脂肪，仔細地清除乾淨。

15 平整地割去下方特選牛五花肉表面的厚重脂肪，剔除周邊的脂肪。

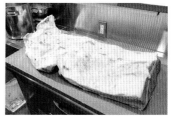

11 切掉下肩胛翼板肉之後的中腹肉。右邊是連接頭側肋骨排的部分。接下來要切下特選牛五花肉。

20 將分布於其間的筋也割掉。此處的筋很硬，口感不佳，筋的顏色也會在燒烤時顯現出來，所以要剔除乾淨不殘留。

16 將腹中肉切剩的部分作為普通牛五花肉供應。按照肉塊的分裂之處進行切割。

Point 將連接肋骨排的部分作為特選牛五花肉

12 切下連接肋骨排的部分上方的上蓋肉。有粗大的筋分布於其中，沿著這條筋劃入刀子。

［ 商 品 化 ］

牛腹筋膜肉　　　　　　　　後腰脊翼板

Point 僅將具有厚度的部分作為燒烤食材

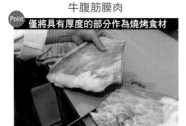

5 為了切出較大的切面，先下一刀劃入刀痕，接著再下另一刀將肉切下來。下刀時垂直肉的纖維紋理。

1 牛腹筋膜肉較厚實的部分作為燒烤食材使用。其肉質紮實且具油脂的鮮甜滋味。肉較扁薄的部分則作為絞肉或燉湯材料使用。

1 將表面的筋與脂肪剔除至一定程度之後切除邊端，分切成 500g 左右的狹長肉塊。

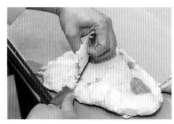

Point 將肉切成提高商品價值的形狀

6 先以不將肉切斷的深度劃入刀痕，下另一刀的時候再將肉完整切離。

2 背面覆有厚厚的脂肪，將多餘的脂肪也剔除乾淨。為了同時享用到油脂的鮮甜滋味，留下少許脂肪。

2 將馬上要用到的肉塊表面的筋剔除乾淨。後腰脊翼板是一個商品價值較高的部位。為了要切成有稜有角的切片，將狹長肉塊修整成四方形。

7 將切下來的肉片攤開，從邊緣開始輕輕劃入刀痕。

3 表面有少許的筋殘留，將筋剔除乾淨。

3 為了呈現出美麗的霜降切面，垂直肉的纖維紋理進行分切。善用其本身的柔嫩肉質，切成略有厚度的薄切肉片。

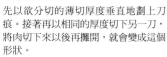

牛腹筋膜肉切片
先以欲分切的薄切厚度垂直地劃上刀痕。接著再以相同的厚度切下另一刀，將肉切下來以後再攤開，就會變成這個形狀。

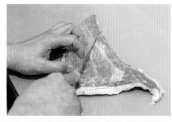

4 平行肉的纖維紋理分切成長條狀。

Point 在薄切與厚切上面做出變化

4 後腰脊翼板是一個肉質柔嫩的部位，所以也很適合厚切。切成大約 100g 的肉塊之後，再分切成四個厚肉塊。

[分 割] 牛外腹部

割下牛腹筋膜肉

5　割下牛腹筋膜肉。接近牛腹表面的腹筋部分與中腹部的腹筋膜肉相連。這塊肉的肉質相當硬。

6　在腹筋膜肉與脂肪之間的交界處下刀，將外觀狀似薄膜的腹筋膜肉切至邊緣整個切割下來。

分切外腹肉

Point　在肉質不同的部分進行分切

8　右手邊為外腹部靠近頭側的部位。在靠近自己這一側的斷面之間有層厚厚的脂肪。將覆蓋在這層脂肪上面的上蓋肉割下來。

割下內裙肉

1　將表面的筋與脂肪割除之後，切下牛肋條附近的內裙肉。具有類似外橫膈膜肉的外觀與口感。

2　將牛肋條一側朝向自己，切下牛肋條。將刀子劃入牛肋條根部，拉著牛肋條將其切下。

3　將折成一半的肉的折口立起，將肉攤開。

4　呈現攤開狀態的外腹肉。照片後側覆有一塊牛腹筋膜肉。

與中腹部一起為一組進貨的外腹部。相較於肩胛一側的中腹部，此處為牛腹下側肋骨周圍的牛腹肉。外腹部以一整片肉折成兩半的狀態進貨。拍攝時的外腹部為18kg。可以切割出牛腹脇肉、牛腹肋肉、牛內裙肉等部位，作為普通牛五花肉或上等牛五花肉進行商品化。

仙台牛A5

供應菜單
上等牛五花肉 ▶ P.112
中等牛五花肉 ▶ P.113
牛五花肉 ▶ P.113
牛腹筋膜肉 ▶ P.114

將上等牛五花肉切塊

5 在 [分割] 12切下來油花分布較多的部分，分成中等五花肉或邊角肉進行分切。

1 在 [分割] 12切下來作為上等牛五花肉的部分。肉的裡面可以看到有血管分布於其中。

9 沿著脂肪在肉分裂之處將肉割開。將割下來的部分作為普通牛五花肉或燉煮料理的材料。

Point 根據油花的分布方式決定用途

6 如照片中這樣幾乎都是脂肪的部分，用來製作成牛筋丼等料理。

2 以血管分布之處為標的下刀，將肉分切成長條狀。肉的裡面也有血管夾雜其中。

10 割下覆在表面的厚厚脂肪。將脂肪割除至可以隱約看到肉的程度。

7 照片中右側是在 [分割] 11切下來作為普通牛五花肉的部分。近側的四個長條狀肉塊作為上等牛五花肉供應。用來作為上等牛五花肉使用的是油花分布漂亮的部分。

Point 切除會影響味道的血塊

3 血結塊的部分會帶來異味，在外觀上也會令人敬而遠之，所以細心地將其切除。連同表面多餘的脂肪也一起剔除。

Point 根據肉質分成普通、中等、上等

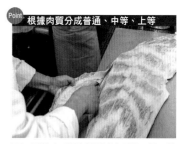

11 10的右手邊近側靠近頭部一側。於近側斜斜分布的部分，肉裡面的筋有著近似橡膠的口感，將這部分切下來作為普通牛五花肉供應。

Point 分切成長條狀的同時一併剔除脂肪

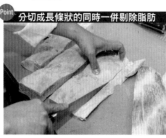

4 平行肉的纖維紋理切成長條狀。切除帶有厚脂肪的部分。

12 10的左手邊遠側是靠近後腿側的牛腹脇肉。其肉質柔嫩，用來作為中等牛五花肉供應。正中央部分油花分布較多，可以製作成牛筋丼等料理。近側的油花分布美麗，切下來作為上等牛五花肉供應。

將普通牛五花肉切塊　　　　將中等牛五花肉切塊

⑤ 上面也有很多的筋，需細心剔除。將脂肪割除至表面留有薄薄一層脂肪的程度，再切成可以放進調理盤的大小進行保存。

Point 仔細地剔除骨頭，令口感更佳

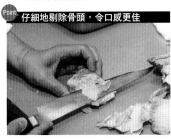

⑥ 牛肋條也作為普通牛五花肉供應。有時也會遇到有碎骨殘留的狀況，將筋與脂肪連同碎骨一起割掉。

⑦ 除了作為普通牛五花肉供應之外，也作為牛肋條五花肉進行商品化。

Point 除作為燒烤食材之外也做各種活用

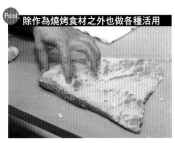

⑧ 自外腹肉切下的薄薄腹筋肉，具厚度的部分作為普通牛五花肉，較薄的部分用來製作成牛筋丼等料理。

① 照片中的部位為內裙肉。在牛腹肉之中是個脂肪分布稀少的部位，作為普通牛五花肉供應。重點在於要切除埋於其中的筋。

Point 劃入刀子將筋割除

② 由於埋在肉中的筋是燒烤以後也很有存在感的筋，將刀子劃入筋所在的位置，連同表面的脂肪一起將筋割除。

③ 肉中有凹陷的部分，用手將肉弄平整以統一厚度。讓正中央軟嫩的部分也向外延展。

④ 割除覆有厚厚脂肪的部分。

① 在 [分割] 12 切下來作為中等牛五花肉的後腿側牛腹脇肉。油花分布雖較少，但肉質相當柔嫩，是能夠作為上等牛五花肉供應的部位。

Point 根據油花分布狀況與狀態進行商品化

② 察看牛五花肉的狀態，區分成中等牛五花肉、上等牛五花肉。為了統一長條狀肉塊的形狀，切邊整形之後再行分切。

③ 中等牛五花肉的油花分布基準。油花分布狀態會依照個體而有所不同，需仔細察看之後再進行商品化。

④ 分切成長條狀的肉塊。如果沒有要立即供應使用，就讓表面留下一些脂肪。

［分切牛五花肉］

中等牛五花肉

1 從牛腹脇肉切下的中等牛五花肉。剔除筋與多餘的脂肪之後再行分切。

2 細心地剔除周邊的筋與脂肪之後，薄切成微有厚度的肉片。

Point 劃入刀痕把筋切斷

3 由於是一個比較會嚼食到筋的部位，在肉的切面上面劃入刀痕，將筋切斷。

上等牛五花肉

1 將外腹肉之中肉質較為柔嫩、油花分布漂亮的部分作為上等牛五花肉供應。切除邊端部分。

2 察看切面的大小，以五片 100g 為基準切成略厚的肉片。

牛五花肉

1 自中腹肉上面切下來的部分。

Point 切面不夠大的部分作為邊角肉使用

2 切面難以切出適當大小的部分，分切成邊角肉使用。切出的肉片則與牛肋條、內裙肉一起作為普通牛五花肉供應。

特選牛五花肉

1 將連接中腹部肋骨排的部分作為特選牛五花肉供應。照片中的長條狀肉塊為分切好的狀態。

Point 切除深入肉中的筋

2 若形狀歪扁的部分裡面有筋深入肉中，用刀子劃入筋的兩側，把筋割下來。

3 因為難以切出形狀統一的肉片，所以將切面不工整的部分切下來作為邊角肉使用。

4 平行肉的纖維紋理切成長條狀，再垂直肉的纖維紋理下刀分切成肉片，呈現斷面的油花分布之美。

從照片由左至右開始,分別為「特選牛五花肉」、「上等牛五花肉」、「中等牛五花肉」、「牛五花肉」肉片。每一種都是一人份100g。牛五花肉都是由一整組的中腹部、外腹部上面分切下來的。油花分布漂亮的特選牛五花肉切成大片薄切肉片、切自肉質略硬部位的中等牛五花肉則劃入刀痕等,運用分切技術根據各部位的肉質狀況進行商品化。

肉品保存方法

大同苑
仙台一番町店

分割下來的肉塊,依照使用的時機改變保存肉品的方法。不論何種保存方法,都要避免肉品接觸空氣,以防止變色與氧化。肉品重疊擺放時,一定要用肉品專用的包裝紙墊在兩者之間隔開。

需存放一段時間再行分切時,在保留肉塊表面的筋與脂肪的狀態下,以肉品專用包裝紙包裹起來之後,再確實地包上一層保鮮膜,放到冷藏室裡面保存。肉品專用的包裝紙會適當吸收肉中自然流出的肉汁。若使用質地較厚的廚房紙巾,就會過度吸收肉汁,所以便以這樣的方式進行肉品保存。

牛舌

調整牛舌切面形狀

5 從切掉舌尖的地方開始進行薄切。

Point 用手拉薄拉大，調整切面大小

6 接著用手將肉拉薄拉大，讓牛舌肉片更易於包捲蔥花。

7 牛舌肉片經過拉薄延展後的狀態。一人份六片 70g。

剝除牛舌皮

Point 敲打牛舌肉讓皮更易剝除

1 從牛舌的側邊開始剝皮。以肉錘敲打牛舌肉的側邊，將表面變得平整，讓舌皮更易於剝除。

2 自牛舌側邊的邊緣下刀，劃入舌皮與舌肉之間，一邊拉著割開的舌皮邊緣，一邊用刀子割進去。

3 切下舌筋部分。由於舌筋的肉質不同，將有血管分布的部分切除。

Point 將牛舌尖作為普通牛舌供應

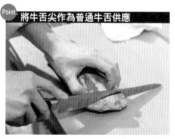

4 舌皮全都剝除之後，將切面不夠大的舌尖部分切掉。切下的舌尖作為普通牛舌供應。

位於盛岡的總店，一天會出餐近200份的特色菜單正是「牛舌蔥鹽捲」。用牛舌把蔥花捲包起來，再用蔥將牛舌綁起來的可愛外觀，以及牛舌與蔥之間絕佳搭配，使其成為「大同苑」的招牌商品而廣為人知。為了盡可能切出更大的切面，切片以後再將切面拉大，有效率地分切出數量。

紐西蘭產

供應菜單
牛舌蔥鹽捲 ▶ P.114

以牛舌捲包蔥白

 Point 用牛舌將蔥花捲包起來

12 將汆燙過的蔥綠拉直擺在砧板上面，放上11的牛舌蔥鹽捲，將其綁起來。

10 將大量的⑨放到拉薄延展過的牛舌肉片上面。

8 包在裡面的蔥使用蔥白部分，切成蔥花狀。加進鹽巴、白胡椒、鮮味調味粉與芝麻油調味。蔥綠部分事先汆燙過。

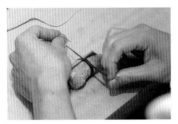

13 將蔥綠在牛舌上方交錯，扭轉方向將長邊一側也捆起來，最後像是在捆綁包裹似地打結固定。

11 用牛舌肉片將蔥花捲包起來。

9 用手輕拌蔥花拌勻調味料，讓蔥花變軟。

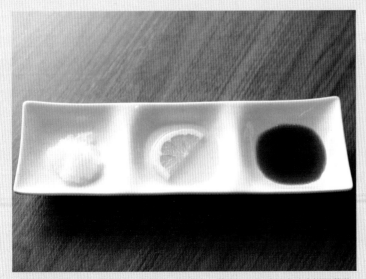

一開始置於桌上的沾醬組合。沾肉醬、檸檬汁、蘿蔔泥。脂肪較多的肉搭配蘿蔔泥就能令其品嚐起來十分清爽。至於後腰脊翼板等搭配鹽巴一起享用的特上等菜單，則是會再附上山葵泥作為調味佐料。

大同苑
仙台一番町店

沾肉醬

沾肉醬是以混合醬油、砂糖與味醂，加熱煮沸之後放涼，再添加水梨泥調和整體風味製作而成。將其過濾之後再作為沾肉醬使用。藉由水果的酸甜味道來增添清爽風味。

牛大腸

用日本酒清洗

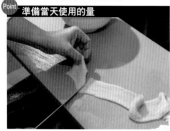

1 分切當天所需的量。切除邊端之後，將較為厚實的部分以 4～5 公分的寬度進行分切。較為扁薄的部分用於製作員工餐或其他用途。

Point 以日本酒洗去異味

2 將分切好的大腸放到調理盆中，倒入日本酒，浸泡 10 分鐘左右。

3 用手輕輕揉搓，搓出污垢與異味。殘留的汙垢洗出之後，會令日本酒變得混濁。

4 最後再以清水沖洗一次，洗去日本酒的酒精味。以瀝水籃確實瀝去水分，進行調味。

用鹼性離子水清洗

1 進貨時選用不帶脂肪的部分。使用具有清除黏液作用的鹼性離子水進行搓洗。

2 確認上面是否有汙垢殘留，輕輕地搓去殘留在上面的汙垢。

Point 確實洗去黏液、汙垢

3 接著以流水揉搓沖洗，將其清洗乾淨。

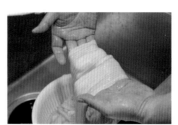

4 清洗乾淨之後以瀝水籃瀝去水分，放至冷藏室裡進行保存。

特徵在於腸壁上有條紋紋路的大腸部位。可以享用到脂肪少、彈嫩而具個性的彈牙口感與清爽的清甜滋味。如何除去異味的這一點相當重要，在「大同苑」會先以鹼性離子水清洗掉黏液，接著再用日本酒浸洗一次，分為兩個階段將其清洗乾淨。

日本國產

供應菜單
上等牛內臟 ▶ P.115

豬子宮

豬的子宮部位。豬子宮原本是色澤粉嫩圓滾滾的內臟肉，將其拉開之後會變成細細的管狀。年齡越小的雌豬，子宮越是厚實而優質。「大同苑」所選用的內臟肉都是當天現宰，經過徹底清洗，在毫無異味的狀態下進行供應。

日本國產豬

供應菜單
生腸 ▶ P.115

用鹼性離子水清洗

Point　仔細地洗去異味

1　以爽脆的彈牙口感與清甜滋味博得人氣，外型越是緊實飽滿越是美味。以鹼性離子水洗去黏液與異味。

2　以瀝水籃瀝去水分，到開門營業之前都先放至冷藏室裡進行保存。

3　開門營業之前進行分切。輸卵管周邊帶有黏膜，切除邊端以後，先將這些黏膜割除。

4　攤開附著在輸卵管邊緣的黏膜，將其從輸卵管上面割除。

Point　分切之後再劃入刀痕

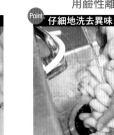

5　割除黏膜之後分切成一口大小，再於表面劃上數條刀痕。藉以使其更易於咬斷咀嚼，也更易入味。

以鹽巴揉搓

6　放到調理盆裡面，撒上足量的鹽巴進行揉搓。

Point　揉搓鹽巴以去除異味與汙垢

7　用手確實揉搓，將表面的異味與黏液、輸卵管中的污垢都揉搓出來。將污垢揉搓出來以後，以流水仔細沖洗。

8　仔細地將豬子宮清洗乾淨，避免鹽巴殘留。清洗好之後，以瀝水籃瀝乾水分，再進行調味。

備有醃肉醬、鹽醃、味
噌醃肉醬三種調味。待
收到點餐之後再進行調
味。醃肉醬與調味料有
各自的基底調味，隨著
每次點餐再添加香味、
辣味或芝麻油，做最後
的提味。

若使用味噌醃肉醬

內臟肉以味噌醃肉醬為基底調味。以味
噌、苦椒醬、砂糖等調味料混合而成。
辛辣口味則是再以辣椒粉調整辣度。

1 加在辣味噌醃肉醬裡的辣椒粉，是
以色澤紅豔的辣椒粉及連辣椒籽也
一同磨成粉的辣椒粉混合而成的。

2 收到顧客點餐之後，在味噌醃肉醬
裡面加進辣椒粉、芝麻油、大蒜
泥、蔥花、白芝麻、黑胡椒。

3 用手確實混合均勻之後，加進分切
好的肉，確實抓醃入味。照片中的
是牛大腸。

鹽醃

鹽醃風味則是以鹽巴混合黑胡椒的調味
鹽為基底調味。既是為了防止調味出現
落差，也是為了能夠快速地進行供應。

1 待收到顧客點餐之後，將混合好的
調味鹽、大蒜泥、蔥花加到芝麻油
裡面。

2 用手確實混合均勻。

3 放進分切好的肉，確實抓醃。照片
中的是豬子宮。若是油花分布漂亮
的部位則是只撒上鹽巴與胡椒。

醃肉醬

以醬油、砂糖、味酥等調味料製作而成
的基底醬汁。以此作為基底，之後再加
進芝麻油或調味佐料。

1 待收到顧客點餐之後，將基底醬汁
舀進調理盆內，加進芝麻油、大蒜
泥、蔥花、白芝麻、黑胡椒。

2 用手確實混合均勻。

3 放進分切好的肉，若是牛腹筋膜肉
等易於吸收醬汁的部位，便確實抓
醃。若是帶有脂肪的部位則不抓
醃，改為淋覆醬汁。

後腰脊翼板

2500 日圓（稅外）

讓肉的斷面更顯美麗的高格調切片。將肉切成切面為正方形的長條狀，用刀子的切口。以相同的厚度俐落地切出有稜有角的切片。再撒上外觀較為圓潤、帶有甘甜風味的喜界島天然海鹽，以及現磨的黑胡椒，烘托出牛肉本身的風味。烤好以後再佐搭鹽巴與柚子胡椒醬一同享用。

特選牛五花肉　　3500日圓（稅外）

使用的是靠近肋骨排的特上等部位。能被稱為仙台牛的就只有A5等級的和牛，是能夠享用到極上等霜降牛肉的品牌牛。其所含有的脂肪具有入口即化、風味清爽的特徵。「特選牛五花肉」的肉與脂肪之間有著極佳的平衡，能夠同時品嚐到肉的風味與脂肪的清甜美味。使用醃肉醬調味時，由於肉中的脂肪與醬汁不相容，所以只需做到浸附過醬汁的程度即可。也很推薦簡單以鹽與黑胡椒、山葵泥做調味的組合。

上等牛五花肉　　2300日圓（稅外）

自外腹部切下來的上等牛五花肉。是一個瘦肉與脂肪交錯分布的部分，也能享用到其油花的濃郁風味。比起醃肉醬，更適合以鹽巴調味，撒上事先混合好的黑胡椒鹽。鹽巴使用的是混合了礦物質含量豐富的喜界島天然海鹽的混合鹽。附上山葵泥一起供應。山葵莖的根部與頂部，辛辣程度與香氣都不同，所以會將一整根山葵都磨成泥，混合均勻之後再做使用。

中等牛五花肉

1800 日圓（稅外）

自牛腹脇肉上面切下來的中等牛五花肉。是一個油花分布細膩的部位，所以肉質也很柔嫩。在店內的各種牛五花肉之中最受顧客歡迎。與醃肉醬的味道最搭，故而搭配醃肉醬供應。於收到顧客點餐之後再做調味，在醃肉醬的基底醬汁裡面加進芝麻油、大蒜、蔥、芝麻、黑胡椒等增添香氣的佐料，混合調配好之後再裹覆在肉上面。

牛五花肉

1300 日圓（稅外）

將牛腹肉之中不太有油花分布、或是肉質較硬等部位作為普通的「牛五花肉」供應。雖說是普通牛五花肉，但也十分具有仙台牛本身的存在感，由於調味時已確實抓醃入味，搭配白飯一起享用更是美味超群。

招牌牛舌蔥鹽捲（6個）

1900 日圓（稅外）

在總店一天會出餐近200份的招牌菜單。在仙台一番町店有時也會售罄，故而有的顧客在訂位的時候就會順便加點。將蔥花包捲在裡面，再綁成形如米俵的可愛外型，燒烤好以後牛舌的肉汁與蔥花的風味十分對味，也相當具有分量感。大約在20年前由總料理長金先生初步研發出來，不斷反覆地進行改良之後才完成。一個就能點餐。

牛腹筋膜肉

900 日圓（稅外）

是一個越咀嚼，濃郁的牛肉風味就越會在口中擴散開來，十分具有嚼勁的燒肉菜單。雖然因為肉質硬而被認為不適合作為燒烤食材，但在店內將其薄切再細密劃上刀痕的刀工技術下，用燒烤的方式享用牛腹筋膜肉極具個性的風味。讓醃肉醬確實滲進切口裡面，還能從中享用到醃肉醬的醬汁風味。

上等牛內臟
900 日圓（稅外）

將確實清洗乾淨的牛大腸，以辣味噌醃肉醬調味享用。在牛內臟菜單之中，與另一道同樣受歡迎的含脂牛小腸「濃味牛內臟」有著對比性風味，故而有很多顧客想要兩者都品嚐。店內所使用的內臟肉都是當天現宰，新鮮程度也超群。接著再以細心的事前處理讓人不會嚐到異味。

生腸
900 日圓（稅外）

豬子宮彈潤而爽脆的口感加上些微的甜味，是喜歡內臟肉的人難以抗拒、老饕才懂的內臟肉之一。為了讓顧客享用到其獨特的口感，不論是以鹽醃或味噌醬醃的方式提供，都會確實抓醃入味之後再供應。

燒肉家 KAZU別邸

回歸原點讓菜單煥然一新。
「以後腰脊肉作為牛五花肉」
的高品質博得佳評

身為店鋪經營者的趙和成先生，離開老家位於東京國分寺的老燒肉店自立門戶，在2004年於東京・立川開了「炭火 肉家 和」。目前已有六間系列店鋪。甚至已經決定於2019年繼續展店兩家店鋪。

這樣飛躍性的進展背後，源於一個相當大的轉機。東日本大地震引發地震災害的一週後，他來到了朋友所在的石卷市，烹烤燒肉給災民享用。看著當地人們露出笑容吃下燒肉，令他實際感受到了「做燒肉這行真好」。當時還處在雷曼兄弟破產之後所帶來的金融衝擊，正值店內業績低潮期。讓自己的心態重新回到「讓顧客覺得開心」的原點，讓店內的菜單煥然一新。在價格維持不變的

狀態下，以高級部位的牛後腰脊肉取代牛腹肉作為牛五花肉供應。選用自A5黑毛和牛的「後腰脊五花肉」的高品質博得好評，在短期內就茁壯成生意興隆的燒肉店。

目前店內所嚴格挑選採購的後腰脊肉，是採購自於趙先生親自走訪並花費5～6年建立起信賴關係的大型肉品加工業者。瘦肉部位選用的是完整的一整塊牛後腿部位。將這個部位分切出作為店內賣點的「牛五花肉」、「牛里肌肉」與既有燒肉菜單用肉，依照肉的狀態巧妙地進行分切，將之商品化。不區分成上等或普通等級，而是藉由改變切法或變換調味來增添變化。

料理長・鄭 昌秀 先生

在店鋪經營者趙和成先生名下學習燒肉技術後，目前兼任神樂坂「燒肉家KAZA」、「燒肉家KAZA 別邸」兩店鋪的料理長之職。

SHOP DATA

地址・東京都新宿区神楽坂 3-2-14 キムラヤビル 4F
電話・03-6265-3729
營業時間・18點～24點（L.O.23點30分）
休息日・週日（當天遇例假日，則改休週一）
場地規模・37坪・46席
平均單人消費・6000日圓

※「燒肉家KAZU 別邸」中菜名之中有「里肌肉」的菜單裡，使用到的是牛腿肉，店內菜單上面有明確標示「使用的是和牛腿肉」。

肋脊後腰部位

牛五花肉菜單使用的是肋眼後腰脊肉（牛肋脊肉～後腰脊肉）部位。從大型肉品加工業者的肉品集貨中心，自所有的後腰脊肉之中嚴選出品質特別好的肉品進貨。將肋眼後腰脊肉作為「牛五花肉」供應，肋眼肉捲帶側肉作為「安東尼奧牛五花肉」供應，除此之外也作為數種菜單進行商品化。

黑毛和牛A5

供應菜單
KAZU牛五花肉 ▶ P.126
安東尼奧牛五花肉 ▶ P.127
後腰脊肉牛肋條等肉品 ▶ P.128
副肋眼心 ▶ P.122
KAZU厚切牛排（約700g）▶ P.120
薄切炙烤後腰脊肉 ▶ P.128

[分 割]

切下肋眼肉捲帶側肉

Point 切除時留意「副肋眼心」的部分

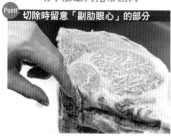

⑤ 切下肋眼肉捲帶側肉。位於牛肋脊肉側肋眼心一帶的副肋眼心，要切下來進行商品化，所以切的時候需留意不要將其劃傷。

⑥ 在牛肋條側的肋眼肉捲帶側肉與肋眼心之間的筋之處下刀。

Point 沿著肋眼心下刀

⑦ 壓著肋眼心側的同時，用刀子將肋眼肉捲帶側肉割開。

⑧ 割開至另一端之後，將肋眼肉捲帶側肉完整地切下來。肋眼肉捲帶側肉會作為「安東尼奧牛五花肉」供應，而有較多筋的扁薄部分則作為「牛肋條」供應。

切下肋脊皮蓋肉

Point 劃入最剛開始的一刀

① 照片中的是 14kg 的肉。有時也會以一半的大小進貨。用刀子劃入肋脊皮蓋肉的筋的邊緣。

② 自切口順著筋向前繼續劃入刀子，將切口橫向割開。

Point 邊用手將肉剝離邊撕下

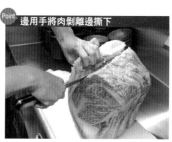

③ 將筋的前後邊緣切出一道相連的開口以後，將切口朝上，一邊用手將肉拉開一邊用刀子割開。

④ 割開之後會發現有個膜。只要將膜切開，肉很自然地就能分離。將肋脊皮蓋肉的邊緣完全切離。

切下副肋眼心

Point 保留其價值作為「副肋眼心」供應

17 切下連接肋眼心的副肋眼心部位。副肋眼心所帶有的脂肪含量比肋眼心還少，很受不愛油花過多之人的喜愛。

18 在肋眼心與副肋眼心之間的筋下刀，順著副肋眼心的形狀劃入刀子。

19 由於副肋眼心是一個分量較少的部位，所以較常出給常客。有時也會作為「牛五花肉」供應。

Point 連同脂肪一起切下

13 順著肋眼心下刀。一邊拉著與牛肋條相連的脂肪部位，一邊用刀子劃入一道切口。

14 弧狀地順著肋眼心劃進刀子，將厚厚的脂肪也一併割下來。

Point 將脂肪內的肉作為「牛肋條」使用

15 自牛肋條下方切除厚厚的脂肪，只留下有肉的部分。

16 由於切面不大，所以修清處理之後，和牛肋條一起進行商品化。

切下牛肋條

9 接著切下牛肋條部分。沿著牛肋條下方的筋劃入刀子。

Point 以用手將肉撕下的感覺進行

10 若想要用刀子把肉割下來，有時就會不小心把肉割傷，所以主要是用手將肉撕下。刀子則是用來將相連在一起的筋膜部分劃開而已。

11 將牛肋條撕開到邊端處之後，用刀子將肉割離。

12 切下牛肋條之後的狀態。牛肋條的下方還有一些肉分布於此處。將其也切下來作為「牛肋條」供應。

［商品化］

KAZU牛五花肉

Point 想像成品的模樣再分切長條狀

1 將切來作為「牛五花肉」使用的肉塊分切成長條狀。先預估切片的厚度與大小，決定好一開始要分切幾等分。

2 此處先從邊端切下一塊，再將剩餘部分切成兩塊。若有多餘的筋與脂肪殘留，於此時進行剔除處理。在表面留下薄薄的一層脂肪。

3 盡可能垂直肉的纖維紋理下刀，切成能夠呈現出漂亮油花的切面。

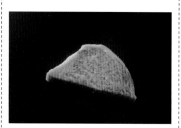

KAZU牛五花肉切片
比薄切肉片更具厚度的切片。切成能夠讓脂肪的鮮甜滋味在咀嚼時於口中擴散開來的厚度。

牛排

1 待收到顧客點餐之後，再按照公克數進行分切。單點完整大小為700g，半份大小為350g。

牛排厚切片
厚切牛排。根據切面的大小調整牛排的厚度。在肋眼後脊部位中也使用後腰脊肉側的部分。

炙烤後腰脊肉

1 切成稍微烤一下就能烤熟的薄切肉片。分切時察看肉的纖維紋理與切面大小，先以能夠分切成四片100g的前提分切成長條狀。

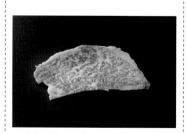

炙烤後腰脊肉切片
能夠清楚呈現出後腰脊肉油花分布狀態的切片。切面無法呈現油花分布狀態時也會改變分切的截面。

肋眼心

1 切下肋脊皮蓋肉、牛肋條、副肋眼心的肋眼後腰脊肉。表面割除多餘脂肪，僅留下薄薄的脂肪。

Point 預估出餐數再分切牛排

2 一開始先切下要用來作為牛排用的肉塊。由於套餐裡面也會用到，所以將分量切得多一點。拍攝時是切下900g的肉塊來分切成牛排。

Point 以輕度分布其中的筋為基準進行分切

3 切下牛排用的肉塊之後，繼續分切出用於「牛五花肉」、「炙烤後腰脊肉」的肉。察看斷面，依據輕度分布於其中的筋為分切基準。

4 在分布於斷面中心部分的筋下刀進行分切。左邊切來作為「KAZU牛五花肉」、右邊則是切來作為「炙烤後腰脊肉」。

肋脊皮蓋肉　　　　　　　　　牛肋條

Point　使用斷筋器讓肉變得柔軟

⑤ 因為肋脊皮蓋肉的肉質比其他部位還要稍硬一點，所以使用斷筋器將肉的纖維截斷。

① 根據進貨狀況，肋脊皮蓋肉有時不一定會連在後腰脊肉側，所以不將「肋脊皮蓋肉」單獨商品化，而是將其歸入「後腰脊肉牛肋條等肉品」之中。

Point　骨膜也仔細剔除乾淨

① 由於是連接骨頭的部分，有時表面會殘留骨膜。用手觸摸尋找，如發現有骨膜殘留，和筋一起剔除乾淨。

⑥ 平行地順著纖維紋理，將肉分切成三等分塊狀。

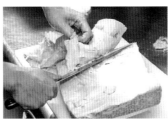

② 用刀子將附著在肋脊皮蓋肉與肋眼心交界處的表面脂肪割除。

② 因為要切成方條狀，所以維持原本的厚度，只考慮所希望的長度進行分切。

⑦ 分切時盡量讓刀子與肉的纖維呈垂直狀態。在此為了切出較大的切面，所以下刀時傾斜刀身，斜切成片。

Point　修清的同時進行整形

③ 進一步大面積地將筋與脂肪割除的同時，將表面修整平整。

Point　切成方條狀營造出口感

③ 是個脂肪含量較多、略具彈牙口感的部位。為了讓顧客能品嚐到這樣的口感，故而切成具厚度的肉條狀。

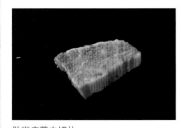

肋脊皮蓋肉切片
在肋脊後腰部位中屬於肉質稍硬一點的部位，所以使用斷筋器讓肉質變得柔軟，再分切成燒肉用肉片。

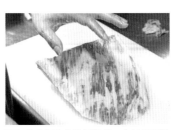

④ 完成修清之後的狀態。由於若是將脂肪剔除得太過乾淨，就會減損肉質的鮮甜美味程度，所以留下少許脂肪。

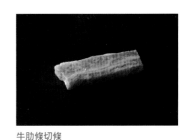

牛肋條切條
即便是切面不夠大的部位，也能藉由切成有稜有角的方條狀來提高商品價值感。

肋眼肉捲帶側肉

① 切成能夠直接看到肋眼肉捲帶側肉形狀的「安東尼奧牛五花肉」。剔除邊緣大片脂肪。

② 剔除表面多餘脂肪之後，切成一塊200g 的大肉塊。依照肋眼肉捲帶側肉的大小調整分切厚度。

安東尼奧牛五花肉切塊

先以這個樣子呈現在顧客眼前，再端回廚房，按照顧客人數進行分切，重新擺盤之後再次端回客席。

副肋眼心

① 只能在肉中帶有副肋眼心的時候才可供應的稀有部位。為切下來的副肋眼心進行修清處理。

② 這是一個肉質柔軟度接近菲力的部位，所以進行厚切。

副肋眼心切塊

作為燒烤食材，是熟門熟路的人才知道的隱藏菜單。整個作為油花分布少而柔軟的瘦肉供應。

調味 KAZU

店內燒肉的調味，延續了店主老家燒肉店的好味道。亦承襲了收到顧客點餐之後才為肉進行調味的「單份醃漬」方法。

鹽醃

鹽漬風味的調味也是收到顧客點餐之後才進行調味。將肉混合鹽巴、麻油、白芝麻、蔥花等調味料，用手輕拌以讓肉醃漬入味。牛五花肉、里肌肉以醃肉醬調味較受歡迎。外橫膈膜肉和牛肋條則是有較多人會選擇鹽醃。

醃肉醬

收到點餐之後才調配出當次餐點所需醃肉醬。也會因地制宜按照肉的狀態進行濃淡調整，例如遇到脂肪較多的部位就調配出口味較重一點的醬汁等。與其說是抓醃，不如說是以用醬汁把裹覆起來的感覺進行事先調味。

沾肉醬

客桌上面擺有一組沾肉醬與檸檬沾醬。會根據餐點的不同而附上柚子醋醬汁、芝麻沾醬、雞蛋沾醬、肉醬油。

③ 將②的右側部分作為「涮牛里肌肉
↓ 片」用。此部分切面較大,更能襯
Ⓐ 托肉片之美。以稍微炙烤一下就能
烤熟的薄度進行分切。

④ 將②的左側部分先對半切成兩塊,
↓ 再垂直肉的纖維紋理,薄薄地進行
Ⓑ 分切。

Ⓑ 「牛里肌肉刺身」切片
將後腿股肉心之中瘦肉比例較多
的部分薄切。切得比涮牛里肌肉
片稍微更厚一點,藉以做出區
別。

① 在幾乎已經完成修清的狀態下進
貨。邊角的部分肉質較硬,所以切
下來作為烤牛肉等料理使用。

Point 察看肉質再依菜單取向進行分切

② 分切成「牛里肌肉刺身」、「涮牛
里肌肉片」用的兩種肉片。察看肉
質紋理,將有油花分布且較為柔嫩
的一側作為「涮牛里肌肉片」使
用。

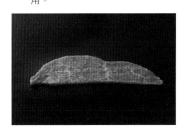

Ⓐ 「涮牛里肌肉片」切片
將肉片切得大而薄,作為一種以
燒烤涮牛肉片的感覺來享用的燒
肉。

後腿股
肉心

採購一整塊後腿部位作為「瘦
肉」供應。在個別分割成外後腿
肉、內後腿肉、臀肉、內腿肉下
側的狀態下進貨。後腿股心是從
內腿肉下側分切下來的部位。根
據肉的外觀美麗程度與肉質,再
分切成「牛里肌肉刺身」與「涮
牛里肌肉片」。

黑毛和牛∧Ⴀ

下後腰
脊球尖肉

自內腿肉下側分割下來的部位。瘦肉的比例較多，幾乎沒有油花分布於其中，可以品嘗到肉味十足的濃濃風味。活用肉品的這項特色，將其切成塊狀作為「肉味十足瘦肉」供應。也會在重點部位使用斷筋器把肉的纖維截斷，再分切成「涮牛里肌肉片」與「牛里肌肉刺身」。

黑毛和牛A5

供應菜單
牛里肌肉刺身 ▶ P.130
涮牛里肌肉片 ▶ P.131
肉中本色的肉味十足瘦肉 ▶ P.129
烤牛肉丼

Point 一邊察看切面狀態一邊進行分切

5 「肉味十足瘦肉」使用不太有筋，
↓ 且可以展現出瘦肉的漂亮外觀與柔
Ⓑ 嫩度的部分。

Point 切至肉質變硬部分則改成薄切

6 隨著肉質漸漸變硬，改為薄切。先
↓ 分切成「涮牛里肌肉片」，接著再
Ⓐ 分切成「牛里肌肉刺身」。

7 將自①切下來的肉質較硬部分切成
　長條狀，再分切成「牛里肌肉刺
　身」肉片。

Point 進一步使用斷筋器截斷纖維

8 由於這是個肉質較硬的部位，所以
　此處也使用斷筋器截斷肉的纖維。
　經過斷筋器處理之後，咬食起來的
　口感也會變得更好。

Point 在肉質變不同的地方進行分切

1 下後腰脊球尖肉中，可分為肉質柔
　嫩與肉質較硬兩部分。照片右手邊
　近側的部分，肉質會漸漸變得較硬。
　在肉質軟硬的交界處下刀分切。

Point 使用斷筋器令肉變更軟

2 自①切下來的肉質柔嫩部分。雖說
　是肉質相對柔嫩的部位，也還是具
　有後腿肉所具有的肌肉彈性，故而
　在肉的雙面都使用斷筋器將肉的纖
　維截斷。

3 切除無法切出適當切面大小的部
　分，用來製作成作為午餐或主餐供
　應的烤牛肉料理。

4 一開始先切下作為「肉味十足瘦
　肉」供應的塊狀肉。以一盤一片
　120g 供應。

內後腿肉

[1] 在完成修清且經分割處理的狀態下進貨。此部位雖然是瘦肉，但仍有充分的油花分布於其中。為易於進行後續分切，先將肉切成幾大塊。

[2] 此處將 4kg 的內後腿肉塊分切成三等分。

將這個在後腿肉裡面，油花分布恰到好處、斷面也很漂亮的部位，冠上店名，以「KAZU牛里肌肉」之名供應，是店內牛腿肉菜單之中的特上等肉。使用上後腰脊肉、下後腰脊角尖肉、內後腿肉。內後腿肉的油脂清爽，嚐起來多汁美味。

黑毛和牛A5

供應菜單
KAZU牛里肌肉 ▶ P.129

[9] 察看肉的纖維紋理，下刀時垂直肉
↓ 的纖維進行分切。
Ⓐ

[10] 檢視肉片斷面，若肉質紋理較粗、有筋分布於其中，就拿來作為烤牛肉使用。

[3] 肉片的形狀之美也是店內的特色之一。為了要讓切面的邊角顯得漂亮，順著切面垂直下刀。

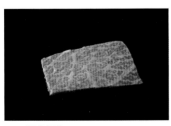

KAZU腿肉切片
其斷面的美麗程度，在後腿肉之中也算是特別突出的。調整分切肉塊的形狀，切成方形肉片。

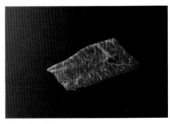

Ⓐ 薄切片
將切面不大的部分用於「牛里肌肉刺身」，切面較大的部分用於「涮牛里肌肉片」。美片肉的大小都稍有差異。

Ⓑ 厚切片
先將肉切成能切出接近正方形的大塊狀，再將肉進行厚切。最後再配合人數做等量分切，端上客席。

KAZU牛五花肉
1300 日圓（稅外）

「燒肉家KAZA」的牛五花肉為了要與其他家燒肉店做出區別，故而使用向來予人一種高級印象的後腰脊部位。花費多年與大型肉品加工業者建立起信賴關係，採購品質值得認可的優質肋脊後腰部位。經由漂亮的分切方法，更加襯托出斷面的油花分布之美。

安東尼奧牛五花肉
2980 日圓（稅外）

是一道活用牛肋脊肉的肋眼肉捲帶側肉形狀，將其分切成200g的大塊肉來營造視覺衝擊感的菜單。這道菜在團體客群中尤其深獲好評，先讓顧客看見這塊豪邁而具魄力的大肉塊，再按照顧客人數進行分切並重新擺盤。照片中將其分切成六片。也可以依照顧客喜好進行厚切或薄切。撒上鹽巴與胡椒鹽，再附上酢橘供應。

薄切炙烤後腰脊肉

1800 日圓（稅外）

以燒烤式壽喜燒的方式品嚐，快
速地將肉炙烤過後，沾附蛋液沾
醬享用。以手工分切的方式將肋
脊後腰肉薄切，淋上醬汁之後呈
盤。蛋液沾醬的特色在於具有蛋
黃的香醇風味，將蛋黃與蛋白以
2比1的比例進行混合。接著將混
合好的醬油與辣椒點綴在蛋液之
上，起到提味的作用。

後腰脊肉牛肋條等
肉品

980 日圓（稅外）

將可以享用到濃郁牛肉風味的牛
肋條部位，切成有稜有角的方條
狀，而不是隨意切成邊角肉。藉
由妥善運用分切方法提高肉本身
的質感格調。也會將肋脊皮蓋肉
和肋眼肉捲帶側肉這些切面不大
的部位納入其中，所以在菜單的
名稱裡面加上了「等肉品」。推
薦以鹽味調味享用，在肉上面輕
輕拌上鹽巴、芝麻油和芝麻調
味。

KAZU牛里肌肉　1580日圓（稅外）

使用在後腿肉中也有漂亮油花分布的部位，是三種牛後腿肉菜單之中的特上等肉。用到了上後腰脊肉、卜後腰脊角尖肉、內後腿肉，會根據當天的進貨與出餐數而做調整。不論是牛五花肉和腿肉，店內有不少顧客都較喜歡以醃肉醬汁調味。待收到顧客點餐之後再混合調味料，輕輕拌在肉上面。

肉中本色的肉味十足瘦肉　1680日圓（稅外）

具有下後腰脊球尖肉才有的瘦肉風味，越是在口中咀嚼，就越是能夠品嘗到肉汁於口中擴散的滋味，是喜愛瘦肉之人難以抗拒的一道料理。僅以鹽巴與黑胡椒做事先調味，藉以帶出牛肉本身的風味。供應時會附帶提供「不需要烤得太熟，僅需將外圍稍事炙烤即可」的說明。沾肉醬則是推薦搭配風味清爽、添加了洋蔥泥與大蒜泥的柚子醋醬汁。

後腿股肉心

下後腰脊球尖肉

牛里肌肉刺身

980 日圓（稅外）

將後腿股肉心與下後腰脊球尖肉中，瘦肉比例較多且肉質稍硬一點的部分，作為「牛里肌肉刺身」使用。配合其略硬的肉質，技巧性地使用斷筋器將肉變得柔軟。雖在價位上將其定位在普通牛腿肉，但是藉由擺上蔥花並淋上足量的醬汁，就能嚐到其他燒肉所嚐不到的好滋味。食用時將蔥花捲包起來享用。

後腿股肉心

涮牛里肌肉片

1280 日圓（稅外）

價位落在「KAZU牛里肌肉」與「牛里肌肉刺身」中間，不僅只是肉質不同，也藉由在切法、調味上面做出變化，讓燒肉的樣式顯得更多樣化。將肉片切得大而薄，像是在吃涮肉片那樣沾著芝麻沾醬享用。將醬油混合辣椒添加在芝麻沾醬上面，增添少許辣味。沾醬會視顧客人數做準備。

下後腰脊球尖肉

東京・新橋

ニクアサブ

NIKUAZABU

新橋GEMS店

> ＂
從酒吧的經營形態出發。
用不受限的靈活發想
讓這項燒肉事業充滿了獨創性
＂

宛如酒吧一般愜意的吧檯式裝潢陳設，營造出一種一個人也能率性地前往，輕鬆地享用燒肉之樂而博得人氣的燒肉店「ニクアザブ（NIKUAZABU）」。不單單只是舒適空間宜人，單片就能點購的A4等級以上優質黑毛和牛、新鮮度超群而沒有特殊氣味的內臟肉，能夠隨心自在點餐的這一點也是其魅力所在。3000日圓就能嚐到內有當日推薦肉品部位13種類的「主廚精選套餐」深獲好評，自2011年於六本木開店以來，穩健地進行展店，目前已在東京都內設有六家店鋪。

自開店以來便協助店內菜單開發事宜的料理長近藤優先生，是從一位原本不懂肉也不了解燒肉的門外漢開始努力的。一邊仿效其他店家和肉品業者值得學習的做法，一邊追求「新穎燒肉風味」，磨練自身的肉品相關技術，進而以靈活變通的構思開發菜單。例如，店內會準備十種以上的沾肉醬，並且為了讓顧客能清爽地享用內臟肉而搭配日式清湯一般的和風高湯一同供應。有不少店家會以濃郁的醬汁來掩蓋內臟肉的特殊氣味，但店內則採用徹底洗淨內臟肉的澀味與特殊氣味的方法，讓顧客能夠享用到內臟肉的香味與口感。「主廚精選套餐」則是會由員工一邊燒烤邊推薦適合佐搭的沾醬。這樣朝氣十足的服務亦是店內的一大魅力。

料理長・近藤優先生

カワイハイ股份有限公司的專務董事。協助公司內的「NIKUAZABU」燒肉店開業，從零開始學習肉品相關技術，建立起店內的「燒肉」口碑。以不囿於既往理論限制的靈活發想，開發出嶄新的菜單。

SHOP DATA

地址・東京都港区新橋 2-12-8 GEMS 新橋 9F
電話・03-6205-8929
營業時間・週一～週六　17點～23點30分（L.O.22點30分）
　　　　　週日・例假日　14點～22點（L.O.21點）
休息日・無休
場地規模・37坪・70席
平均單人消費・5000日圓

下後腰
脊角尖肉

自內腿肉下側分割下來的部位。脂肪含量較少，能夠品嘗到肉味十足的瘦肉風味。因為形狀較為複雜，採取將切面較大的部分薄切、切面較小的部分厚切的方式來提高商品價值。但凡切下邊角肉，就會減損商品價值，故而將其切成如三角錐般的獨特厚切形狀，在物盡其用這一點上面足足下了一番工夫。

黑毛和牛A5

供應菜單
下後腰脊角尖肉
主廚精選套餐 ▶ P.146
三樣嚐味比較（各一片）

薄切

1 順著這個垂直的切面，薄薄地進行分切。

2 在開門營業前進行分切，切好的肉
↓ 片不疊放，按照每人份的量平鋪在
Ⓐ 料理紙上面。

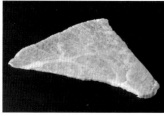

Ⓐ 薄切
切面較大部分的切法。在「主廚精選套餐」中，會跟同樣都是薄切的下後腰脊球尖肉、後腿股肉心組合在一起供應，讓人得以享受到其不同之處。

Ⓑ 厚切
切面較小部分的切法。切成接近三角錐的形狀，一片肉就可以嚐到厚的部分與薄的部分所燒烤出來的不同口感。

1 將內腿肉下側以分割成下後腰脊角尖肉、後腿股肉心、下後腰脊球尖肉、外後腿股肉，皆在完成修清處理的狀態下進貨。

2 順著中間凹陷之處下刀，將其分切成兩大塊。由於這是一個肉質頗為有彈性的部位，所以進行薄切。

3 切成兩大塊之後，按照其原本的形狀分切成長條狀，盡可能切出較大的切面。

Point 察看肉的纖維紋理切出大切面

4 切出垂直纖維紋理的切面。一開始先垂直肉的纖維紋理下刀，切下邊端的一塊肉。

後腰脊翼板

在中腹部的部位之中較為接近菲力的部位。肉質跟菲力一樣軟嫩，油花也適度分布於其中。這樣高雅的脂肪鮮甜滋味使其有著不少的愛戴者。為了讓顧客能夠享用到肉的柔嫩度，切成約1.5公分寬的厚切肉片。

黑毛和牛A5

供應菜單
黑毛和牛後腰脊翼板 ▶ P.144

1 在剔除筋與脂肪的狀態下進貨。平行肉的纖維紋理切成長條狀。

Point 垂直肉的纖維紋理下刀

2 一邊確認肉的纖維紋理走向，一邊分切成厚切肉片。厚度約 1.5 公分。

3 垂直肉的纖維紋理下刀，藉以展現出油花分布之美。

後腰脊翼板切片
以一片肉約20g為基準。切成一大塊，以讓顧客享用到於咀嚼時所擴散開來的牛肉美味。

厚切

1 下後腰脊角尖肉前端形狀漸漸變尖的部分，不以相同厚度進行分切，而是令切面與切面之間的間距呈三角形，垂直下刀。

2 改變垂直下刀的角度同時，將肉切成三角錐的形狀，儘量讓每一片肉的形狀統一，切出分量感。

Point 切不出好形狀的部分劃入刀痕攤開

3 一邊估算大小，一邊均等地將肉進行分切，盡量不要出現邊角肉。切不出好形狀的時候，以所需厚度劃入刀痕，將肉割開。

4 ↓ B 切成三角錐狀的是店內獨有的切片形狀。為了令不易切成長條狀再做分切的部分也能切成相同大小，故而切成這個形狀。

牛心

口感爽脆而沒有什麼特殊氣味的牛心，是一種在女性顧客之中也很受歡迎的內臟肉。因為含有豐富的維生素與鐵質，所以也給人有益健康的印象。活用其容易切出適宜形狀的優點，以一盤100g的厚切片形式供應。在剔除脂肪、完成修清的狀態下進貨。

日本國產

供應菜單
前所未聞的牛心 ▶ P.142

③ 將殘留在周邊的筋與血管切除。要是有所殘留就會影響口感，所以需仔細地清除乾淨。

① 先切成容易處理的大小，再依照牛心肉的厚薄度進行分切。

牛心切片
將切成一大片的牛心縱向對半分切成兩片，一盤上面盛放一片。

② 以一片 100g 的分量進行分切。切成大而有厚度的厚切片。

牛蜂巢胃

牛的第二個胃。宛如蜂巢的獨特外觀，帶著動物性氣息，以汆燙再水洗的方式，確實除去這個味道。接著再燙煮大約6小時，使其成為具有清爽風味與易於咬食口感的燒烤食材。以獨特的三角形進行分切。

日本國產

供應菜單
細燉牛肚（Trippa）▶ P.142
牛內臟六樣拼盤 ▶ P.145

③ 燙煮至軟以後，確實除去水分。先切成容易分切的長條狀之後，再切成如照片中所示的細長三角形。

① 在經過剝皮處理後的乾淨狀態下進貨。先將一片蜂巢胃切成容易處理的大小，放入鍋中，自冷水開始加熱汆燙。

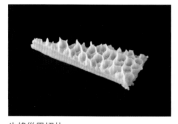

牛蜂巢胃切片
活用牛蜂巢胃的獨特之處，充滿童心的切片。以充滿立體感的擺盤方式供應。

② 待鍋中的水煮沸之後，將沸水倒掉，用水確實清洗，除去異味。反覆進行兩次之後，以水量差不多可以淹過蜂巢胃的熱水燙煮約 6 小時。

具
有
值
得
誇
耀
的
壓
倒
性
高
人
氣
的
「
主
廚
精
選
套
餐
」
中
，
為
了
能
夠
依
照
肉
的
種
類
而
改
變
享
用
到
的
味
道
，
準
備
了
八
種
沾
醬
。
為
此
，
事
先
調
味
大
多
是
以
能
夠
襯
托
出
肉
品
風
味
的
鹽
醃
調
味
。
這
是
由
於
比
起
事
先
調
味
，
更
著
重
考
量
食
材
燒
烤
後
與
沾
醬
或
調
味
醬
之
間
相
互
搭
配
出
來
的
整
體
味
道
。

沾肉醬

具有值得誇耀的壓倒性高人氣的「主廚精選套餐」中，出於能夠搭配符合肉品特性的沾醬一起享用的想法，準備了八種沾醬。為了喜好經典風味的顧客，在靠近顧客的一側擺上了經典風味的沾肉醬、蘿蔔泥柚子醋醬汁、檸檬等。另一側則是擺上了蜂蜜芥末籽醬、法式蘑菇泥醬（Champignon duxelles）等具個性化的沾醬。香料海藻醬是由石磚海藻與山椒、柚子胡椒醬混合而成。日式塔塔醬則是在塔塔醬裡面添加了紫蘇漬醬菜，單吃也相當美味。

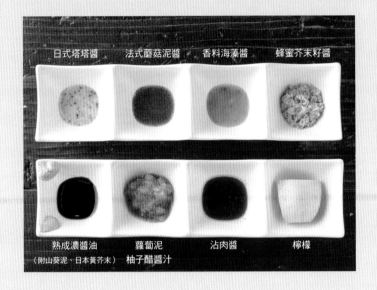

日式塔塔醬　　法式蘑菇泥醬　　香料海藻醬　　蜂蜜芥末籽醬

熟成濃醬油　　　蘿蔔泥　　　　沾肉醬　　　　檸檬
（附山葵泥、日本黃芥末）　柚子醋醬汁

高湯醬汁

顛覆風味獨特的內臟肉要搭配味噌醃醬這種刻板印象的和風高湯醬汁。以昆布與柴魚片熬煮出來的初次萃取高湯為基底，再添加醬油、味醂、酒、鹽巴，調味成像日式清湯那樣可以順口喝光的風味。只不過，為了要熬出適合與肉一起享用的湯底，增加柴魚片的分量，熬煮出風味濃郁的高湯。趁熱加入蘘荷、蔥花、鴨兒芹與芝麻等調味佐料增添香氣，再做供應。搭配風味清淡的高湯一起，清爽地享用內臟肉。

基本的調味

為了要襯托出這些個性化沾醬的味道與香味，鹽醃調味的基底不選用芝麻油，而是使用香氣清爽的頂級冷壓初榨橄欖油。將混合好的調味料鋪在盤子上面再擺肉，或是淋在擺好的肉片上面，以這種不會減損肉品既有風味或口感的調味方式。盛盤完成之後再撒上黑胡椒。

牛重瓣胃

5 將皺褶順好以後一邊翻動皺褶，一邊在皺褶和皺褶之間下刀，以背面的寬度為準，分切成約 3 公分寬。

1 為了將黏液與異味清洗乾淨，一邊用熱水沖洗一邊用手揉搓。

牛的第三個胃。將牛重瓣胃汆燙，剃除黑褐色的表皮之後即是白重瓣胃，店內採購的便是白重瓣胃。雖然特殊味道較一般重瓣胃少，但若是搭配高湯一起享用，就會令人不禁在意那輕微的異味。因此要確實地將肉揉搓清洗乾淨。保留皺褶部分的長度進行分切，讓顧客能夠細細品嚐那種有趣的口感。

日本國產

供應菜單

炙烤牛百葉 ▶ P.142
牛內臟六樣拼盤 ▶ P.145

Point 劃入刀痕以利於嚼食

6 翻到背面，在上面斜向劃入刀痕。劃入的刀痕會降低重瓣胃的硬度，使其更易於食用。

Point 用熱水沖洗掉黏液與異味

2 連皺褶與皺褶之間也要確實洗乾淨，仔細洗去黏液與異味。在此階段已清除掉大部分的異味。

7 維持皺褶原有的長度，從邊端開始以 1～2 公分的寬度進行分切。

Point 用碳酸水徹底清洗

3 以瀝水網瀝乾水分之後，在碳酸水中大約浸泡 10 分鐘。

牛重瓣胃切片

活用牛重瓣胃的皺褶，細長地做分切。一片片單獨捲起來擺盤。

4 殘留的黏膜與汙垢會在碳酸水的作用下剃落。再次以清水沖洗之後，瀝去水分。

傘肚

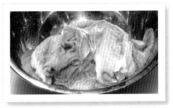

牛的第四個胃。內臟肉之中的黏滑程度最大，按照先以麵粉揉搓清洗，再接著以碳酸水清洗的步驟處理，讓傘肚徹底洗淨。碳酸水具有清除黏液與汙垢的作用，這個方法也用於清洗其他內臟肉。在雙面劃入刀痕，使其爽脆的獨特口感變得更易於咬斷嚼食。

日本國產

供應菜單
傘肚 ▶ P.143
牛內臟六樣拼盤 ▶ P.145

5 仔細擦去水分，分切成長條狀。依據腸皮與脂肪的厚度決定分切的寬度。較厚的部分以較窄短的寬度分切。

Point 雙面都劃上刀痕

6 重視容易食用的程度，在雙面都劃入刀痕。以大約 5 公釐的間隔斜向劃入刀痕。

7 在脂肪側也同樣地斜向劃入刀痕。劃入的刀痕深度，深至燒烤時不會支離破碎的程度為止。

傘肚切片
粉色腸皮十分漂亮的切片。確實地劃入刀痕之後，切成一口大小。

1 使用在傘肚之中較為肥厚、帶有脂肪的優質上等傘肚。粉色腸皮部分有較多的黏液與汙垢。

Point 用麵粉揉出黏液與汙垢

2 用水清洗過一次之後瀝去水分，撒上足量的麵粉，以腸皮部分為主，將汙垢揉搓出來。

3 將黏液與汙垢揉搓出來而變得稠滑後，即以流水進行沖洗。仔細地清洗直至盆裡的水變得清澈透明，再以瀝水網瀝去水分。

Point 以碳酸水進行最後的清洗

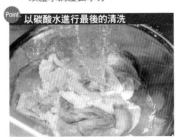

4 放回調理盆中，倒入冰碳酸水仔細揉搓，除去殘留的黏液與汙垢，再次以水沖洗。

牛丸腸

將含有足量脂肪的小腸裡外翻面，整條脂肪面朝外的牛小腸即是牛丸腸。是喜愛脂肪鮮甜滋味之人難以抗拒的部位。為了讓顧客不會在享用美味脂肪的時候嚐到異味，所以會仔細地去除腸內的黏液與汙垢。

日本國產

供應菜單
牛丸腸 ▶ P.143
牛內臟六樣拼盤 ▶ P.145

Point 確實揉搓至氣泡消失為止

5 只要稍加揉搓，汙垢便會剝落。還有氣泡就表示還有黏液殘留，故而要再繼續揉搓。

1 先用水洗過一遍之後瀝去水分，再於上面撒上足量的麵粉。以麵粉清理小腸黏膜。

6 揉搓至未再有汙垢浮現後，以水沖洗乾淨再用瀝水網瀝乾水分。

Point 撒上麵粉揉出汙垢

2 整體撒上麵粉，仔細地將黏液與汙垢揉出來。

7 以 3 公分的長度進行分切。

3 當麵粉變得稠滑，即以流水進行沖洗。仔細地清洗直至盆裡的水變得清澈透明。

牛丸腸切塊
確實除去汙垢後，看上去十分漂亮的牛丸腸。切成六塊100g。

4 以瀝水網瀝去水分，倒入碳酸水。使用冰碳酸水，便不會傷到內臟肉。

牛大腸

使用大腸裡面特別肥厚、腸皮紋路漂亮的部分。由於是異味較為強烈的部位，所以用麵粉確實揉搓之後，再進一步使用碳酸水清洗。若是有味道殘留，就會跟店內的「高湯醬汁」顯得不協調，因此要洗清至異味消除。為使其更易於咬斷嚼食，先劃上刀痕再行分切。

日本國產

供應菜單
牛大腸 ▶ P.143
牛內臟六樣拼盤 ▶ P.145

⑤ 先以瀝水網瀝去水分後，倒入冰碳酸水，再次揉搓以除去汙垢。

① 脂肪的鮮甜滋味也是牛大腸的魅力所在，儘可能採購富含脂肪的牛大腸。

Point 劃入刀痕以利於嚼食

⑥ 用水沖洗乾淨並擦乾水分，在腸皮側劃入刀痕。以大約 5 公釐的間隔劃入刀痕，深至燒烤時不會支離破碎的程度為止。

② 用水洗過一次之後瀝乾水分，撒上足量的麵粉，進行揉搓。

⑦ 以四片 100g 為基準，將大腸切成一大塊。

③ 將黏液與汙垢揉搓出來，直至麵粉變得稠滑，以流水仔細沖洗乾淨。

牛大腸切塊
因為大腸較扁薄，所以分切時切得比較大塊。由於口感彈牙，所以必須要劃入刀痕。

Point 確認是否有汙垢殘留

④ 在這個階段，大腸上面仍舊會有汙垢殘留。要將這些汙垢也清洗乾淨。

炙烤牛百葉
580日圓（稅外）

進一步清洗白色牛重瓣胃，洗到完全不會令人感受到異味的程度。店內在調味時，以香味較不突出的橄欖油取代鹽醃調味幾乎會添加的麻油，與其他燒烤店的內臟肉做出區別。重瓣胃風味清爽的獨特口感令人上癮，在女性顧客之間也有相當不錯的接受度。

細燉牛肚（Trippa）
580日圓（稅外）

花費6小時燙煮蜂巢胃，將其燙煮至可以享用到能輕鬆咬開的柔嫩彈性口感，品嚐到蜂巢胃本身淡淡的甜味。費盡苦思所分切出來的獨特切片形狀，可以令人在燒烤之後，同時享用到表層的酥香與內層的柔嫩度。以看起來十分有趣且具立體感的方式擺盤供應。

前所未聞的牛心
580日圓（稅外）

將牛心切成厚切片的大膽切法。為了讓顧客能充分享用到牛心爽脆的彈牙口感、清爽的濃郁風味而將其切成這樣的形狀。待烤好以後再按喜好切成適當大小。淋上大量的鹽醃調味汁，以避免牛心經過燒烤之後過於乾澀。

傘肚
580日圓（稅外）

味道較重的傘肚也徹底清洗乾淨，洗去上面的味道，讓顧客可以單純地品嚐傘肚富有彈性的獨特口感、所含脂肪的甜味。為了便於直接咬斷嚼食，在傘肚雙面都劃上刀痕，以這道程序令燒烤後的口感更佳。

牛丸腸
580日圓（稅外）

為了要讓顧客能夠品嚐到小腸屬於內臟肉的脂肪鮮甜滋味，因而使用牛丸腸。放入口中一經咀嚼，包裹在腸壁之內的脂肪甜味立刻會於口中擴散開來。分切成一塊14～17g的一口大小，令一盤分量約100g。與其他內臟肉一樣細心地進行修清處理。

牛大腸
580日圓（稅外）

由於本身較為扁薄，故而分切成較大塊，以一盤四塊的分量供應。因為已經徹底清除污垢，如同其漂亮的淡粉色外觀，在味道上面也除去了異味，風味十分清爽。淋上大量的鹽醃調味汁，撒上黑胡椒提味。

黑毛和牛後腰脊翼板

1450日圓（稅外）

牛肉的燒肉菜單為牛五花肉與里肌肉等
經典菜單，使用到的是高性價比的澳大
利亞產大麥牛。另一方面，也準備了使
用到A5等級黑毛和牛稀有部位的燒肉。
後腰脊翼板的位置接近菲力，是一個肉
質也相當柔嫩、油花分布也很漂亮的人
氣商品。切成厚切片以充分享用其鮮甜
好滋味。

牛內臟六樣拼盤

1550日圓（稅外）※照片為雙人份

將當天推薦的內臟肉組合成拼盤供應。照片中的是六樣拼盤，另外也備有780日圓（稅外）的三樣拼盤。可以同時嚐味比較具有不同個性的各種內臟肉，因而備受好評。這些經過徹底清洗過的內臟肉，不論是哪一種都沒有異味，與風味清爽的和風高湯尤為相得益彰。加進蘘荷和蔥花等調味佐料，令風味更顯高雅。

照片自左上開始分別為，豬喉軟管、牛丸腸、牛大腸、細燉牛肚、炙烤牛百葉、傘肚。

鹽烤至高極厚牛舌

鹽烤蔥花牛舌片

NIKUAZABU
套餐菜單

主廚精選套餐

3000日圓（稅外）
※照片為雙人份

將牛舌與內腿肉下側部位、後腰脊肉的燒烤式壽喜燒、內臟肉等，全部共13種肉品，打破常規地以每樣一、兩片的高性價比供應只有肉的套餐組合。不但滿足顧客「想要少量多樣品嚐各種肉」的心願，而且還提供由店內員工負責燒烤的桌邊服務，使之成為店內的招牌菜單。也供應肉品整體等級更高一等的4500日圓（稅外）「主廚名流精選套餐」。

1 鹽烤至高極厚牛舌、鹽烤蔥花牛舌片

套餐一開始先端上牛舌。牛舌根厚切肉片、牛舌中薄切肉片的兩樣牛舌拼盤，可以享用到牛舌不同的柔嫩度與味道濃淡。牛舌根切除了周邊，只使用肉質柔嫩的部分。在牛舌中肉片上面擺上蔥花，撒上鹽巴製作成鹽烤蔥花牛舌片。

下後腰脊球尖肉

下後腰脊角尖肉、後腿股肉心、下後腰脊球尖肉 2

第二道料理所盛放的是，三種自內腿肉下側分切下來的部位所組合而成的拼盤。即便是相連的瘦肉部位，也有著各自不同的口感與肉質。薄薄地進行分切，將每樣肉切成一片約17g。

下後腰脊角尖肉

後腿股肉心

「主廚精選套餐」會搭配8種沾醬組合。燒烤式壽喜燒和內臟肉之外的燒烤料理，可以沾取這些沾醬一起享用。由員工一邊幫忙烤，一邊口頭說明該肉品最適合搭配的沾醬。為了要有效發揮出沾醬的美味，肉品在事先調味方面所使用的是，添加了較無明顯香氣的橄欖油的鹽醃調味。

內橫膈膜肉

豬夏多
布里昂

雞腿肉

特選牛排（下肩胛翼板肉）

內橫膈膜肉、
豬夏多布里昂、
雞腿肉、特選牛排
（下肩胛翼板肉）

3

燒烤食材種類豐富的一道菜單，除了牛肉以外，還選搭了雞肉與豬肉。雞腿肉使用的是產自山梨縣的「甲州健味雞」。豬肉使用菲力這個肉質柔嫩部位，特選牛排則是使用上後腰脊肉或下肩胛翼板肉。

4 必殺燒烤式
壽喜燒

燒烤式壽喜燒使用的是和牛後腰脊肉。改變肉片調味，大量淋上特製調味煮汁再做供應。附上一小碗在中央擺上白飯的蛋黃，烤好以後捲包白飯一同享用。

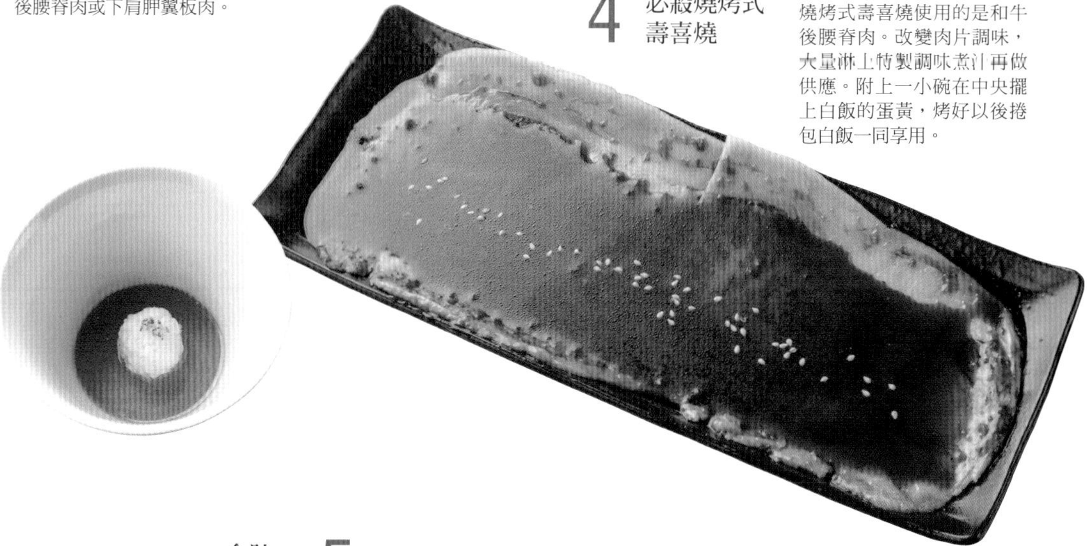

傘肚、
細燉牛肚、
牛大腸

5

傘肚

細燉牛肚

牛大腸

享用過甜甜鹹鹹的燒烤式壽喜燒之後，以風味清爽的內臟肉做收尾。將烤好的內臟肉浸附日式清湯般的高湯醬汁，享用其極富個性化的彈牙口感。溶入內臟肉燒烤汁的高湯醬汁會更顯美味，加在高湯醬汁中的調味佐料也能令餘味更顯清爽。

大阪・吹田

デンスケ

"

在店主高明的採買手腕下新鮮度超群
備受攜家帶眷之人喜愛的「內臟」燒肉

"

地點坐落在偏僻的位置，會令人不禁升起「怎麼會在這地方？」的念頭。在這樣一個對餐飲店來說算是很不容易經營起來的地點，於六日用餐限時2小時，生意興隆達三次翻桌率的店鋪正是「デンスケ」燒肉店。自16年前開店以來，便以優越的性價比、分量十足的擺盤、豪邁的單片分切尺寸獲得佳評，不僅只是受到在地顧客的青睞，也有外地的顧客不惜開車遠道而來，攜家帶眷圍繞著烤爐的顧客們令店內顯得相當熱鬧。

店內所供應的內臟肉，其魅力不光只在於其本身的十足分量感，也在於其產品的新鮮程度。身為店主的新田谷淳先生於35歲脫離上班族生活，在不曾接觸過肉的狀況下毅然開店。以「想開一間

供應過往在下町吃過的內臟肉味道，有媽媽味道的燒烤店」為目標，再加上當地「只要能端出真正美味的料理，顧客也就會跟著來」的民風，日日都在各種錯誤嘗試中成長。而其中尤為重要的一點便是確保新鮮內臟肉的貨源。最剛開始營業的一、兩年，在尚未有任何門道的狀況下，只能到處往返於業者們的冷藏室，即便不能馬上批發給自己也仍不懈怠地持續走訪，歷經了10年光陰才終於能夠批貨使用品質令自己滿意的牛大腸。至今仍舊不斷地拓展進貨的管道，由自己親自操辦進貨事宜，經自己的雙眼確認過後才採購。此外，秉持著「醬汁是燒肉之魂」的信條，無論是醃肉醬還是沾肉醬，都致力於做出從孩童到年長者都能嚐到箇中美味的醬汁。

SHOP DATA

地址 · 大阪府吹田市樫切山 18-8 第 2 清涼マンション 104
電話 · 06-6878-6291
營業時間 · 18 點～售完即打烊休息
　　　　　週六 · 週日 · 例假日則是 17 點～
休息日 · 週一
場地規模 · 45 坪 · 70 席
平均單人消費 · 3000 多日圓

店長 · 蒲地榮一郎 先生

在大阪市的餐飲店內累積經驗，於兩年前擔任「デンスケ」燒肉店的店長。內臟肉的事前處理也是在店內習得的，六日致力於在自家用餐限時2小時、達三次翻桌率的生意興隆燒肉店營運。基於「希望顧客能夠享用新鮮的內臟肉飽餐一頓」的想法，提供深具魄力的內臟燒肉。

牛舌

分切

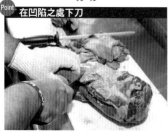

1 凹陷之處為肉質變得不同的交界處，在此處下刀分切成兩部位。舌尖一側作為 100g 售價 600 日圓（稅外）的「邊角牛舌肉」供應。

2 切下舌尖後的牛舌，以保鮮膜確實包覆起來，放入冷凍室不完全冷凍地進行低溫定型。

3 在低溫定型的狀態下，牛舌肉會變得容易分切。於供應前取出，垂直下刀分切，切成牛舌厚片。

4 再進一步將切下來的牛舌肉片對半分切。

修清

1 從牛舌的側邊開始剝除舌皮。自舌根的舌芯側的皮與肉之間下刀，將皮剝除。另一個側面也如法炮製。

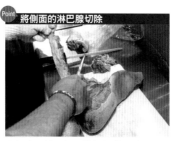

2 牛舌的兩個側邊都有淋巴腺分布，將其與筋、脂肪一起切除。

3 剝掉側邊的皮之後，繼續剝除牛舌上方的皮。抓住舌皮邊緣向上拉起的同時，將刀子劃入皮與舌之間，剝除舌皮。

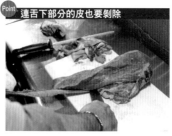

4 要剝除舌下側的舌皮時，先在舌尖處下一刀，再從該處開始剝除，反手將刀子劃入皮與肉之間，一邊拉著舌皮，一邊劃入刀子將皮割下。

內臟肉基於「盡量不使用進口貨」而使用日本國產牛身上的內臟。牛舌也是採用低溫冷藏的方式進貨。由於肉會遇冷收縮而變得更易於剝除舌皮，所以會在冷藏室冰過之後再行修清。將舌根作為「鹽味牛舌」供應，向著舌尖而下的瘦肉部位則是作為「邊角肉」供應。

日本國產

供應菜單
鹽味牛舌 ▶ P.163

牛下巴

牛的下顎部位，據說是最常運動到的肌肉部分，肉質較硬且有較多的筋分布於其中，因而非常富有彈性。將其切成較小片的肉片，藉以享用其越嚼越有味道的濃郁風味。放入冷凍室裡面低溫定型之後再進行薄切。

日本國產

供應菜單
下巴肉（鹽味）▶ P.164

分切

Point 劃入刀痕再下另一刀切離

1 由於肉的切面不大，所以切肉片時，以先於中間劃下一刀，再下一刀完整切下肉片的方式進行薄切。

Point 從兩側切

2 牛頰肉一側靠近嘴巴的部分，油花分布與肉質軟硬程度比較不一樣。從這兩側開始進行分切，讓同一盤裡面的肉不要有太明顯的差異。

牛下巴切片
基本上採用薄切。由於是比較扁平的牛肉部位，故而以先劃下不會將肉切離的刀痕，接著再下一刀將肉切離。多少帶有一些脂肪。

修清

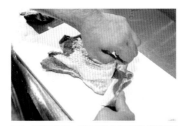

1 剝除表皮。連同突起的部分將表面的厚厚一層皮剝除。

2 黑色的 V 字部分是連接牛頰肉的部位。此處的肌肉更加發達。將皮連同黑色部分一起剝除乾淨。

3 牛下巴剝完皮的狀態。牛頰肉一側的肉質較硬。

Point 為了方便薄切而將其半冷凍

4 由於是相當有嚼勁的部位，所以要薄薄地分切。考量到裡面的筋也很硬，不易分切，所以放入冷凍室裡面將肉定型。

外橫膈
膜肉

分切

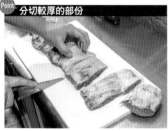

1 將厚實的部分切成段。平行外橫膈膜肉的纖維紋理,以 5～6 公分的寬度分切成段。

2 肉較薄的部分則切下來作為「邊角外橫膈膜肉」使用。

3 一邊清除每段肉上面多餘的脂肪,一邊將其分切成一片約 40～45g 的厚切肉片。下刀時微微傾斜刀身。

4 切下來作為邊角肉用的部分則是大致切成一口大小。「邊角外橫膈膜肉」一人份 100g 售價 600 日圓(稅外)。

修清

1 用手將覆在外橫膈膜肉表面的筋膜剝除。這個筋膜會燙過之後拿來熬煮,製作成入口即化的味噌醬煮料理。

2 從其中一邊剝到另一邊。徒手就能夠輕鬆地將其剝除。

3 多餘的脂肪也用手撕開,將其剝除。

4 剝完之後的外橫膈膜肉。留下恰到好處的脂肪,可於燒烤時品嚐到油脂的鮮甜美味。

使用和牛外橫膈膜肉,以「デンスケ才有的豪邁尺寸」做供應。1 片肉重約 40～45g,一盤肉五片約 200～250g,相當具有分量感。這樣的分量感,使其成為一道一定會售罄的人氣菜單。肉較厚實的部分作為「外橫膈膜肉」供應,較薄的部分則作為「邊角外橫膈膜肉」供應。

日本國產

供應菜單
外橫膈膜肉 ▶ P.163

外橫膈膜肉厚切片
傾斜刀身斜斜地將切段的肉,分切成切面較為大片的厚切片。

牛心～牛肺

在牛的心臟到肺部的臟器部位連在一起的狀態下進貨。這是因為比起讓業者處理，在店內自行做分割處理，會讓臟器接觸空氣的時間縮短許多。而根據接觸空氣的時間長短，新鮮程度也會出現明顯的差異。這樣完整的臟器部位，可以分割出牛心（照片左方）、牛動脈根（牛心右邊）、牛心管（照片上方白色部分）、牛肺（照片下方～右方）等部位。

日本國產

供應菜單

[分 割]

切下牛心管（大動脈）

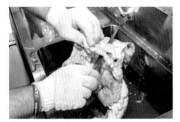

4 接著將連著牛動脈根的牛心管切下來。牛心管指的就是牛的大動脈。在牛動脈根與牛心管之間下刀。

5 由於形狀較為複雜，所以在提著牛心管的同時，用刀子劃開連接在一起的部分，將牛心管切下來。

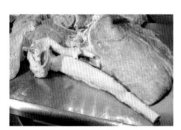

6 從牛心部位切下來的牛心管（照片下方）與牛肺。牛肺直到進行下個步驟為止都浸泡在水中，以避免溫度上升。

7 將殘留的牛心管也切下來。

切下牛肺

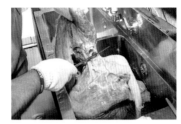

1 拍攝時所使用的是 F1 雜交牛（黑毛和牛與乳牛交配後的第一代）的臟器。若是溫度上升就會減損新鮮程度，所以先浸泡水中。一開始先切下單片牛肺。

2 牛肺有兩個。自大靜脈根部切下一個肺，接著再切下另一個肺。照片中左手抓著的即是牛肺。

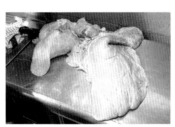

3 切下來的牛肺。表面覆有粉白色薄膜。吃起來沒有什麼特殊味道，口感近似蒟蒻。

［ 分 切 ］

牛動脈根 | 牛心 | 分切牛心與牛動脈根

⑤ 牛心管根部位置覆有厚厚的脂肪。由於希望讓顧客品嚐到清爽風味，所以將上面的脂肪都剔除掉。

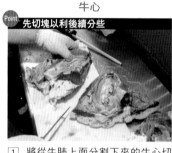

Point 先切塊以利後續分些

① 將從牛肺上面分割下來的牛心切塊。由於形狀較為歪扁，所以先大塊切成容易處理的形狀。

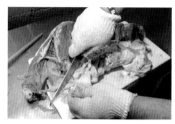

⑧ 附著在牛心前面的就是牛動脈根。一手抓著牛動脈根，拉開與牛心之間的交界，用刀劃開。

Point 切除厚重脂肪

⑥ 將覆在牛動脈根的大片脂肪和切不出動脈的部分切掉之後，分切成段。

② 接著再進一步切成一人份 100g 的塊狀。「希望可以豪爽地享用」而切成較為大片。

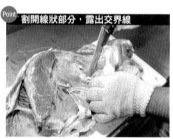

Point 割開線狀部分，露出交界線

⑨ 看起來像線的部分是毛細血管。只要割開這些線，就能夠看到牛心與牛動脈根的交界線。

⑦ 為了要充分品嚐到動脈脆而富有彈性的口感，將其切得大片一點。

Point 剔除多餘的脂肪

③ 將表面的筋與脂肪較厚的部分剔除。希望能夠吃起來清爽，所以盡量除去脂肪。

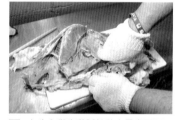

⑩ 在牛心與牛動脈管的交界處下刀，將其切開。

Point 劃入刀痕以利於嚼食

⑧ 在牛動脈根的表面斜向劃上細密的刀痕，使其變得更易於咬斷嚼食。
Ⓑ 遇到較為厚實的部分則在背面也劃上刀痕。

④ 分切厚度依照切面的大小做調整。垂直肉塊下刀進行分切。
Ⓐ

⑪ 牛心與牛動脈根（照片右方）。牛心接下來會先分切成塊，再行分切。

牛心管

5 將形狀不完整的部分切下。

1 牛心管指的就是牛的大動脈，也就是粗大的血管。為了便於後續分切，先將形狀不完整的部分切下來。

Point 仔細地劃入刀痕

A 牛心切片
脆嫩的彈牙口感與清爽的風味很受顧客歡迎。為了發揮這個特色，剔除脂肪之後再進行分切。

6 為了要讓燒烤過的牛心管更易於咬斷嚼食，在血管的雙面都確實劃上刀痕。於正面一側垂直劃上細密刀痕。

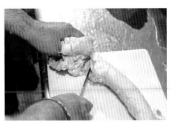

2 自牛心管根部將管狀的部分切下。

B 牛動脈根切片
雖是覆有脂肪的部位，但是店內會除去脂肪。重視牛動脈根的口感，藉以跟可嚐到油脂美味的牛大腸、牛小腸等部位做出區別。

7 背面則是斜向劃入細密刀痕。在正反兩面劃上不同方向的刀痕，就不會在燒烤時變得支離破碎。

3 維持管狀的狀態下難以分切，所以將血管割開。反手握刀從血管的一端劃入，直直地割開血管。

C 牛心管切片
是個口感尤為值得玩味的部位。雙面劃入刀痕不但可以使其更易於咬斷嚼食，也具有幫助入味的作用。

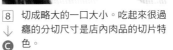

8 切成略大的一口大小。吃起來很過癮的分切尺寸是店內肉品的切片特
↓
C 色。

4 血管上面沒有脂肪，風味清淡而沒什麼味道。是一個能夠充分享受其富含嚼勁口感的部位。

［分切］

牛肺血管圈 牛肺

Point 將血管自牛肺中取出

1 將分布於牛肺中的粗大血管商品化。自牛肺上面切下含有粗大血管的部分。

1 對燒肉店來說是罕見部位，店內則是整組採購一頭牛的牛心與牛肺部位。沒有什麼特殊氣味，口感又極具個性。

2 從切下的牛肺上面取下血管。

2 先將牛肺切大塊，以利後續分切。中間會有血管散布，將血管剔除再行分切。

Ⓐ 牛肺切片
外表看上去柔軟而蓬鬆，意外地相當具有嚼勁。

3 將血管一個一個切下來，並將周邊的肉剔除。

3 牛肺邊緣部分的口感不同，所以將其切除。覆於表面的膜不會影響口感，不另做處理直接進行分切。

Point 切成圈狀

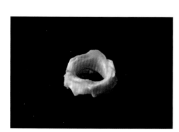  

Ⓑ 牛肺血管圈切塊
將分布在牛肺裡的血管薄切以後，作為一道菜供應。由於這是一個鮮有人知的部位，所以也可以強調它的稀有性。

4 將血管切成極薄的圈狀。分布於牛肺之間的血管具有軟骨一般的口感。用鹽巴和麻油調味之後，可以作為一道下酒菜。
↓
Ⓑ

4 切成略大的一口大小。遇到有血管分布其中時，可以剔除或是劃入刀痕。切面不大的部分可以拿來作為燉煮料理。
↓
Ⓐ

牛瘤胃

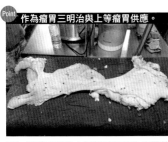

修清

牛的第一個胃。將一整頭牛的牛瘤胃在連皮一起的狀態下進貨。當天現宰的新鮮牛內臟直接送到店內進行修清處理。由於內臟肉一接觸到空氣就會開始劣化，所以盡量在縮短與空氣接觸的時間、不讓溫度上升的溫度控管的狀態下，快速地進行分割處理。因為是個相當受歡迎的部位，除此之外也會單獨進貨上等牛瘤胃。

日本國產

供應菜單

Point 作為瘤胃三明治與上等瘤胃供應。

5 被說是形似大洋洲外觀的牛瘤胃整體。右邊是含有脂肪的瘤胃三明治，左側可切得上等牛瘤胃。

1 從瘤胃三明治一側開始剝皮。用手指剝開瘤胃跟皮的膜之間，由此處開始將皮剝離。

Point 用手指牢牢地戳入皮膜之中

6 將黑色的皮剝掉以後，放進裝了水的水槽裡面仔細清洗乾淨。

2 因為有黏膜而容易滑手，所以戴上棉布手套。用手指牢牢地戳入瘤胃與皮之間，將皮剝除。

7 拭去水氣，進行分切將其商品化。

3 剝完瘤胃三明治一側的皮。剝去黑色皮之後會露出粉紅色的內層肉。

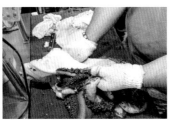

4 剝除另一側上等瘤胃部分的皮。不要將自瘤胃三明治剝離至此的皮切除，將其一口氣剝下。

［上等牛瘤胃］

分切上等牛瘤胃

Point 以不將其切斷的深度劃上刀痕

1 口感狀似富有彈性的貝類。因為不易咬斷，所以要確實劃入刀痕。以約 5 公釐的間隔劃上刀痕。

2 切成略大的一口大小。以五塊 100g 為分切基準。
↓
Ⓑ

Ⓐ 瘤胃三明治切塊
將其切得大塊一點，藉以享用牛瘤胃脆脆的口感與脂肪濃郁的鮮甜滋味。脂肪的含量也可以依照個人喜好做調整。

Ⓑ 上等牛瘤胃切塊
特色在於越嚼越能品味到牛瘤胃高雅清甜的細緻風味。藉由劃上刀痕也能在外觀上面做出變化。

修清上等牛瘤胃

1 照片為單獨進貨，位於牛瘤胃中心位置厚實的「上等牛瘤胃」部分。先將表面厚厚的皮剝除。

Point 用手指剝開邊緣

2 以手指戳入牛瘤胃與皮之間，將皮撕開一小角，由此處開始將皮剝開。

3 左右兩手分別抓著牛瘤胃與皮的邊緣將皮撕開，便可輕易地將皮剝離。

Point 分裂的部分要小心處理

4 途中有個分裂開來的部分，把皮撕開到該處時，用手指沿著牛瘤胃的形狀將皮剝除。

分切瘤胃三明治

Point 分切出瘤胃三明治

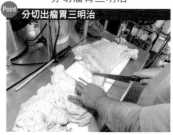

1 在有脂肪分布的部分與沒有脂肪的部分之間下刀。將有脂肪分布的瘤胃三明治作為「帶脂瘤胃」供應，上等牛瘤胃則作為「牛瘤胃」供應。

2 一邊將附有汙垢的邊緣部分和有著大片脂肪的部分切除，一邊分切成段。

Point 一邊修清一邊修整形狀

3 將超出牛瘤胃的脂肪切除。正面與背面有汙垢的部分也切除，只使用純白的部分。

4 將分切成段的牛瘤胃分裝進塑膠袋中，放到冷藏室裡面保存，在開門
↓
Ⓐ 營業之前進行最後分切。切成一人份五塊 100g。

牛蜂巢胃

分切

1 待牛蜂巢胃變得相當柔軟之後,自熱水中撈起,擦乾水分。由於外觀呈現圓弧狀,所以先下一刀將其切開。

2 配合切片的大小分切成段。切除邊緣較硬的部分。

Point 分切成長方形

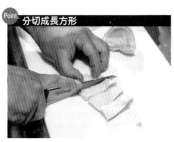

3 為了讓顧客充分品嚐Q彈而富有彈性的獨特口感,大塊地切成長方形的形狀。

牛蜂巢胃切塊
本身沒有什麼特殊氣味,風味清淡。良好的新鮮程度與仔細的事前處理,令切片看來相當漂亮。

修清

Point 用熱水稍微燙過會比較好剝

1 將用水洗過得牛蜂巢胃,放到不煮沸的熱水之中浸泡。熱水的溫度要是太高,反而會不容易剝除,所以要留意熱水的溫度。

2 浸泡一陣子以後,將牛蜂巢胃取出,以金屬刮板將表面的薄皮刮除。若是無法刮除乾淨,就再次浸泡於熱水之中。

3 剝掉黑色的薄皮之後,變成白色牛蜂巢胃的狀態。用水清洗乾淨,配合鍋具大小大致分切。

Point 花上一段時間讓牛蜂巢胃變軟

4 將3放入鍋內,用足量的水燙煮。花上幾個小時將牛蜂巢胃燙煮至變得柔軟。

牛的第二個胃。由於重視新鮮程度,所以在未清除黑色薄皮的狀態下進貨,從去除薄皮開始都在店內進行處理。重點在於避免驟然之間的溫度變化,以不煮沸的熱水溫熱牛蜂巢胃之後再行剝除。只要剝除這層薄皮,就會出現純白的牛蜂巢胃。經過數小時的燙煮再做使用。

日本國產

供應菜單
牛蜂巢胃 ▶ P.167

牛重瓣胃

## 分切	## 修清

1 用水清洗乾淨後，為了便於作業，將其對半分切。有汙垢殘留的部分則切除。

1 將進貨到店內的牛重瓣胃浸泡於水中，以避免溫度上升。瀝乾水分之後放到砧板上面，切除皺褶的邊緣。

Point 將皺褶順好以後切瓣

2 以背面的寬度為準，將其分切成3～4公分寬。重點在於皺褶，順好皺褶之後，在皺褶與皺褶之間下刀。

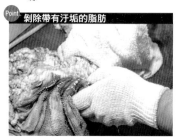

Point 剝除帶有汙垢的脂肪

2 自切除的部分將內側帶有汙垢的肥厚脂肪撕扯下來。將手指插入牛重瓣胃的膜與脂肪之間，將其剝下來。

3 繼續分切已切成好幾瓣的牛重瓣胃。切齊參差不齊的皺褶。將白色部分朝外、皺褶朝向自己，切成一口大小。

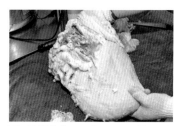

3 皺褶的背面。將肥厚脂肪剝除之後，露出裡面雪白的內層。

牛百葉切塊
好幾片皺褶重疊在一起的獨特切法。白淨內層與微黑皺褶所形成的對比也頗富趣味性。

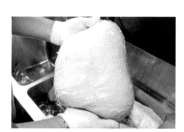

4 剝除脂肪之後的狀態。一般狀況下，大部分店家所採購的都是處理到這個狀態的牛重瓣胃。店內十分重視新鮮程度，所以選擇在店內進行修清處理。

特色在於皺褶多而蓬亂疊合的牛的第三個胃。一片片皺褶上面都有細細的突起。外表看上去雖頗為怪異，但本身沒什麼特殊味道，又帶有脆脆的口感，做成涼拌牛百葉也是相當難得的美味。作為燒烤食材也善用其本身的皺褶進行分切。是一個鐵質與鋅含量豐富，有益健康的食材。

日本國產

供應菜單
牛百葉 ▶ P.167

牛盲腸

牛的盲腸。是燒烤店內不常見的部位，有時也會被拿來作為大腸供應。有著比大腸還要紮實的口感。將其所帶有的黏液與異味仔細清除乾淨，尤為重要。店內會藉由以鹽巴仔細揉搓的方式去除黏液。

日本國產

供應菜單
盲腸 ▶ P.166

5 用力地揉搓，將盲腸的黏液與異味搓出來。揉搓的同時將殘留的薄皮也搓下來。

修清

1 腸皮雖薄但含有脂肪。若是盲腸壁裡有薄皮殘留，燒烤之後的口感也會不佳，所以一開始先除去薄皮。

6 待黏液差不多都搓掉以後，以流水將鹽巴也一起沖洗乾淨，洗到水變得透明為止。

2 用手指尋找盲腸邊緣，撕開透明的薄皮。

Point 浸泡在水中去鹽

7 由於鹽巴會滲入盲腸之內，為了不讓鹽分殘留於盲腸內，浸泡於水中以去除鹽分。浸泡於足量的水中，至少浸泡 1 小時。

Point 用手將薄皮剝除

3 用手拉著撕開的薄皮，將其撕下來。用鹽巴揉搓的時候也能搓下來，因此稍有殘留也沒關係。

Point 使用大量的鹽巴

4 在盲腸上面撒上大量的鹽巴。用鹽巴搓掉黏液與異味。重點在於要使用大量的鹽巴。

デンスケ
醬汁

備受從孩童到年長者的廣泛客群歡迎的デンスケ店家，所追求的味道是「過往在下町吃過的內臟肉味道」。未曾在餐飲店學習過的新田谷先生反覆地歷經各種錯誤嘗試，才調製出了現在的醬汁風味。風味濃郁而濃醇的味噌醬汁，再加上清爽的醬油醬汁。用這樣比例所調配出來的醬汁，不僅相當下酒，也很下飯，更是受到老老少少不分年齡層的喜愛。

醃肉醬

在以味噌為基底的醬汁裡面，加進具有大蒜辣味與蒜味的風味濃郁醃肉醬。收到顧客點餐之後，將足量的醃肉醬淋在分切好的肉上面，確實地抓醃入味。有著一種可以讓肉不需要再另外沾附沾肉醬，直接搭配白飯享用就很美味的味道。這款醃肉醬也是攏獲住多數顧客的一大因素。

沾肉醬

相較於味道濃郁的醃肉醬，這是一款可以讓內臟肉嚐起來顯得分外清爽的沾肉醬。在醬油、味醂、砂糖、大蒜、生薑裡面加進了水果，調和出酸酸甜甜的味道。在醬汁上面加上大量的蔥花與白芝麻後供應。用烤好了的內臟肉將吸附了醬汁的蔥花捲包起來品嚐，就能享用到另一種不同的風味。

分切

1 去除鹽分之後，分切盲腸。先切成容易進行後續處理的大小。切除邊緣部分以調整形狀。

Point 一邊調整形狀一邊進行分切

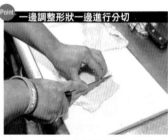

2 決定好分切的寬度之後，用相同的寬度切成長條狀。切的時候保持外型的整齊，切片大小就能一致，切出來的成品自然就會漂亮。

3 用店內慣用的分切尺寸，進一步將盲腸切成略大的一口大小。超出腸皮的脂肪部分則切除。

盲腸切片
一片有著漂亮粉色腸皮的切片。在快速而正確的處理方法下所展現的新鮮度，表露在切片的外觀上面。

外橫膈膜肉　　1380日圓（稅外）

切得厚厚的外橫膈膜肉五片200～500g。以破格的售價販售，是一道肯定會完售的超人氣料理。除內臟肉之外只供應牛腹肉的店家，為了將這道料理和其他料理做出區別，採用這樣的分量做供應，讓人可以享受到大口咬下肉的樂趣、充分品味到於口中擴散開來的肉汁之美味。裹覆上醃肉醬，再點綴上蔥花與白芝麻。

鹽味牛舌

1050 日圓（稅外）

為了能夠直接品嚐到優質牛舌的鮮甜美味與香味，以鹽巴、黑胡椒調味。將牛舌根部到牛舌中間的牛舌部位薄切。為了要讓切面顯得漂亮，先讓牛舌肉降溫到幾近冷凍的硬度之後再行分切。會切出瘦肉的舌尖部位則作為邊角肉使用。

牛下巴肉（鹽味）

600 日圓（稅外）

由於是一個經常會活動到的部位，有著肌肉質地的硬度，越嚼越有味道。具有瘦肉本身的濃郁風味，也帶有油花的鮮甜美味，雖說是牛內臟肉，卻是肉味十足。以鹽巴和黑胡椒確實提味，也相當適合作為下酒菜。因為肉質較硬，所以會稍做冷凍讓肉稍微硬化之後再行分切。

牛心

600 日圓（稅外）

牛的心臟部位燒肉。脆脆的彈牙口感與清爽風味相當平易近人，最近更是人氣高漲。「デンスケ」會確保當天現宰牛內臟肉的新鮮度，維持溫度管理的同時進行修清處理，直至供應上桌為止都保持其鮮度。牛心與牛肺更是在相連成在一起的狀態下進貨。保留少許脂肪進行分切。

牛肺

400 日圓（稅外）

即便是在燒肉店內也相當罕見的牛肺部位，日文除了「フク（fuku）」之外，也被稱為「フワ（fuwa）」或「（フクゼンfukuzen）」。店內選擇的是與牛心相連在一起的狀態下進貨，因而成為店內的常見菜色。具有被形容像是蒟蒻或像是棉花糖一般的獨特口感。風味清淡而沒有什麼特殊氣味，以味道濃郁的醃肉醬進行調味，讓人充分享受這種不可思議的口感。

牛動脈根
450日圓（稅外）

牛心與牛心管的根部部分。脆
脆的口感再加上含有脂肪，令
其同時擁有清淡與清甜風味。
在血管壁上面細密劃上利於咬
斷嚼食的刀痕，讓人可以不受
干擾地品味二者。經過仔細地
抓醃，還再能享用到醬香味。

牛肺血管圈
400日圓（稅外）

將分布於牛肺中心部位的粗大血管取出來作為一項
菜單。因切成圈狀的外觀而將其取名為「牛肺血管
圈」供應。經過充分地燒烤就會產生脆脆的口感，
是一道很受歡迎的下酒菜。不會列在正式的菜單上
面，而是作為推薦菜單供應。

作為大家耳熟能詳的帶有脂肪彈潤感的牛小腸與牛
大腸對照組，屬於口感系菜單。有不少顧客會在享
用脂肪較多的牛內臟時，穿插點上一盤這道名稱特
殊的牛心管。牛心管指的就是牛的大動脈，附在相
連進貨的牛心與牛肺上面，自上面切下來作為商品
供應。在正面垂直劃上刀痕，於背面則是畫上斜向
刀痕，藉以使其更易於食用。

牛心管　500日圓（稅外）

盲腸
450 日圓（稅外）

店內準備了罕見的盲腸部位，也備有內臟燒肉店才有的老饕享用方式。不只提供單點，也會併入「綜合拼盤」供應。事先處理的訣竅在於要用鹽巴仔細搓掉異味。充分地將醃肉醬揉醃進脂肪裡面，讓顧客享用醬汁混合脂肪的濃郁風味。

帶脂瘤胃
800 日圓（稅外）

魅力在於脂肪鮮甜味的瘤胃三明治，以稍微超出一口大小的大尺寸感進行分切。將烤好以後的瘤胃放入口中，就能嚐到鮮甜油脂於口中擴散開來。跟啤酒、高球雞尾酒（Highball）等氣泡系酒精飲料相當佐搭，作為一道相當下酒的內臟料理而備受歡迎。

牛瘤胃
900 日圓（稅外）

具有微甜滋味與富含彈性的獨特口感，使牛瘤胃在店內也具有相當高的人氣。使用肉質較為厚實的上等牛瘤胃，供應前細細地劃入刀痕，以易嚼食。這些切痕也能夠讓醃肉醬更加入味，一經燒烤，飄散出來的醬香與瘤胃本身的脆香，就會形成一種難以言喻的美好滋味。

牛蜂巢胃
800 日圓（稅外）

形似蜂巢的外觀下有著柔軟的口感。比外觀看起來更沒有什麼特殊味道，搭配濃醇的烤肉醬來享用這樣極富個性化的口感。和其他內臟肉一樣，在仍覆有黑色薄皮的狀態下進貨，於店內進行剝皮處理成白色牛蜂巢胃，以極力減少與空氣接觸。保留口感的同時，花費數小時將牛蜂巢胃燙煮至剛剛好的柔軟度。

牛百葉
650 日圓（稅外）

善用皺褶原本就蓬亂疊合在一起的模樣，在分切時費了一番工夫，將其切成圓滾滾的塊狀，讓顧客能夠毫不牴觸地接受。皺褶爽脆的口感也是牛重瓣胃才有的一大特色。拌上醃肉醬之後，再淋上芝麻油以減少乾澀感。

東京・市ヶ谷

炭火焼肉　なかはら

> "

在充滿魅力的「刀工技術」與「燒烤技術」
下完成十分考究的燒肉套餐，擄獲人心

身為店主的中原健太郎先生，是在2002年的時候，由一個門外漢踏身成為燒肉店的經營者。那時燒肉業界多少受到狂牛症的影響，正值業界全體營業額下滑的時期。為了能夠經營一家自己的店，中原健太郎先生首先從了解牛肉開始著手，每天勤跑芝浦市場，漸漸和肉品批發商建立起值得信賴的合作關係，也從中培養出挑選肉品的眼光。他也更進一步地學習跟肉有關的知識與技術，反覆實際地進行支解、分切的操作，磨練出身為職人所需的技藝，之後選擇在稍微遠離東京的三ノ輪地區，開了「炭火燒 七厘」燒肉店，並且將其經營成了一間店內員工不只喜歡

燒肉，更希望將來能獨立開業的名店。即便後來將店搬到了東京的市ヶ谷，也不改往日用心，不斷地追求能夠帶出和牛這項食材絕佳潛力的刀工技術、配合肉質調製沾醬的濃淡、完善肉品的保存方式等，精益求精。

目前菜單只專注於提供一種套餐組合，每人平均消費2萬5000日圓。在略比店內客席高的開放式廚房內，不吝於在顧客的眼前展現處理肉品的技術，同時也兼顧配合顧客的食用速度，在最佳的時間點將肉切好、將肉烹烤。店家經營的一切都是為了提高燒肉的價值。

SHOP DATA

地址・東京都千代田区六番町 4-3 GEMS 市ヶ谷 9F
電話・03-6261-2987
營業時間・平日 [第一批]18點～ [第二批]20點30分～
　　　　　週六日・例假日 [第一批]17點～ [第二批]19點30分～
休息日・週三
場地規模・40坪・44席
平均單人消費・2萬5000日圓

> "

店主・中原 健太郎 先生

大學畢業以後，從事各種職業的經驗，因緣際會之下進到了燒肉的世界。在東京的三ノ輪的下町地區開立了有客不遠千里而來的名店「炭火燒 七厘」，於2014年轉到市ヶ谷開店。置身於冠上自己的名字的店內，站立於吧檯前直接面對肉品，不懈怠於盡力提高燒肉的價值。

牛舌

分切舌根

Point 下刀時傾斜刀身，調整切面大小

1 切掉邊緣部分以調整切面大小，接著切成稍有厚度的片狀，在下刀時微微傾斜刀身。隨著逐漸變小的切面，漸漸加大下刀時刀身傾斜的角度。

2 切除四邊以讓分切下來的牛舌肉片呈現相同大小。

Point 近舌根側入刀淺，近舌尖側入刀深

3 劃上刀痕。越是靠近舌尖的部分，在燒烤的時候膨脹的程度就越會大一點，所以刀痕就要劃得深一些。

舌根切片
左為舌根，刀痕要劃得淺。越是靠近舌尖，刀痕就越是要劃得深。

修清

Point 找出舌芯與牛舌整體的分界

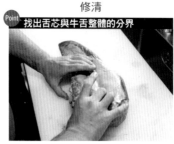

1 為了儘量減少與空氣之間接觸的時間，一口氣進行分切。首先，先切下舌芯部位。將手指尋找並用力壓按舌芯與牛舌整體之間的交界處。

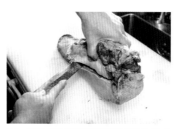

2 用刀子沿著以手指找出來的交界處做切割，將舌芯切割下來。一手抓著舌芯部位，一手拿著刀子一股作氣切向舌尖部位。

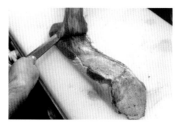

3 切到舌尖部位時，用刀將上方的皮割掉。由於皮附近的口感會略有差異，可以割厚一點。連同舌尖上方的皮也割掉以後，即可將舌芯從牛舌上面完整切離。

4 切除舌芯之後，將牛舌兩側的皮也一併切除。

使用最高級的和牛舌。店內所提供的燒肉套餐中，最先提供給顧客品嚐的便是牛舌。將一整個牛舌裡面風味各異的舌根、舌尖、舌芯部位，各切下一片盛盤。一般會提前30分鐘切片盛裝，因為稍微讓水分跑掉一些可以濃縮美味。

日本國產

供應菜單
夢幻牛舌 ▶ P.180

厚切牛舌的 燒烤方法

「なかはら」燒肉店的燒烤方法最令人吃驚的，就是木炭與烤網之間的距離相當地近。那距離幾乎就是直接貼著放在上面烤。再怎麼說都是「烤肉」。用大火燒烤，可以將肉炙烤得美味可口，所以燒烤時會反覆多次地翻面燒烤。

1 燒烤牛舌最剛開始烤的是舌根。店內的炭火離烤網非常近，不用以低溫慢烤，而是用大火將表面炙烤定型。

2 牛舌燒烤之後會稍微膨脹起來。見到這個狀態後，將牛舌翻面。重點在於表面要烤至微焦上色。

肉都是經由員工一手烹烤出來的。聽著肉在火上烤的聲響，頻繁地翻面讓肉品受熱均勻。烤網與炭火之所以離得這麼近，是基於「炭火的火力太弱會變成是在煮肉。用較強的火力去燒烤才會好吃」的考量。

分切舌尖

1 將舌中到舌尖的部分薄切。這部位的下側口感似筋，所以將其切除。

2↓B 因為舌尖較扁，切面太小，所以在分切時採用蝴蝶刀切法。先向下深切一刀到底部剩一層皮連著的程度，接著再切下另一刀將其完整切離。

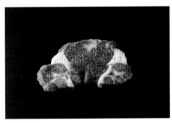

A 舌芯切片
咀嚼起來有濃郁鮮甜美味的部分。周邊吃起來較硬的部分則切除。

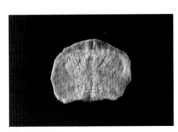

B 舌尖切片
用蝴蝶刀切法讓切片看起來像原本就是一整片。油花分布不佳的舌尖部分則切除不用。

分切舌芯

1 將舌芯周邊鬆垮的皮切除。靠近舌尖側切面較小的部分也一併切掉。

Point　切除淋巴腺

2 側面的淋巴腺也在不過度切到舌芯肉的情況下將其適度清除。需留意若是過度清除乾淨，可能會讓舌芯變得支離破碎。

3 從舌根側開始分切。一剛開始先切除兩片。出現中心處含有油花的部分，此部分相當美味，由此處開始切片。

Point　從含有油花的美味部分開始分切

4↓A 切成略薄的片狀。取用舌芯之中咀嚼起來也相當美味的部分。

外橫膈膜肉

分切

1　察看外橫膈膜肉可以看出肉纖維的分界之處。而這自然形成的分界，就是分切的基準。

Point　在肉的分界之處進行分切

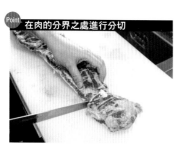

2　每個外橫膈膜肉的分界之處各不相同，需在分切時仔細分辨。有較多的部分含有較大的筋。

3　斟酌考量肉的分界之處、店內平時的分切尺寸、肉本身的厚度，將其分切成塊。此處將這一整塊外橫膈膜肉分切成四段。

修清

1　將表面的白色筋膜剔除。用手壓著肉的同時，將手指插入筋膜與肉之間。

2　撕開一角以後，抓住筋膜向上拉，將其撕開。

Point　用刀子從旁協助，避免把肉撕破

3　筋膜緊附難以撕開時不要勉強，可改用刀子將其劃開。小心謹慎地將筋膜除去，避免破壞肉的完整性。

4　除去筋膜以後的狀態。因為接下來要一邊分切，一邊將多餘的筋與脂肪切掉，所以此時暫不處理。

確保使用高品質的和牛外橫膈膜肉。其中也基於「可以品嚐到厚實肉質」的考量，將肉質柔軟的外橫膈膜肉分切成略有厚度的片狀，藉以享用一大口咬下的口感。一大口咬下後所感受到的十足肉感與隨之溢出來的肉汁，令其成為店內展現高超燒烤技術的料理之一。配合肉本身的厚度等細節，按照部位去改變分切的方法，不論是外橫膈膜肉的哪個部分都能形象一致地供應。

日本國產

供應菜單
外橫膈膜肉 ▶ P.181

炭火燒肉
なかはら

厚切外橫膈膜肉的
燒烤方法

烤厚切外橫膈膜肉的目標在於，要將肉烤到可以用牙齒一咬就輕鬆地將肉分離。使用垂直切斷纖維的肉，再用大火炙烤將肉汁鎖在肉中，一旦做到這兩點，就能夠享用到外橫膈膜肉纖維饒有趣味的口感。

1 將外橫膈膜肉放到烤網上後，將肉夾離烤網，再立刻放回烤網上面開始燒烤。在烤網上面約烤個 1 分鐘，肉上面出現烤痕之後即翻面。

2 察看炭火的狀況，將肉擺在火力最大地方烤。若肉沒有發出滋滋作響的聲音，就代表火力弱。以每三十秒為基準將肉翻面。

3 漸漸縮短翻面的間隔時間，待肉的表面烤到焦香狀態之後，即可離火。讓顧客立即趁熱用牙齒撕咬下來享用。

7 若分切下來的外橫膈膜肉形狀不佳，可以用蝴蝶刀切法將肉攤開成一片。先用欲分切的寬度向下深切一刀但不切斷，接著再用相同的寬度切下另一刀，將其完整切離。

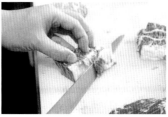

8 若遇到外橫膈膜肉的油花較少、瘦肉部分較多，就留下周邊的脂肪，用以彌補油花不足。

外橫膈膜肉切塊
照片裡面右手邊的肉塊即是「なかはら」的分切標準。考量到要讓同桌共餐的顧客都能平等地享用到相同的肉，因而即使要把多的肉切掉，也要讓分切下來的大小與外觀一致。

4 繼續將切成段的外橫膈膜肉再次分切，一段外橫膈膜肉可以再分切成二等分。由於外橫膈膜肉的兩邊為接觸到空氣的部分，所以先將兩端切除。

5 讓刀子與肉的纖維呈垂直狀態，向下切成二等分。分切肉品時，不會特意量測重量。這是因為若執著於重量，反而有損外觀或風味。

6 由於外橫膈膜肉本身已含有細密的油花，所以將周邊的脂肪除去。附著於切口處與底側的筋也一併切除。

後腰脊肉

全年使用田村牛的雌牛後腰脊
肉。田村牛漂亮的油花分布方
式,及其油脂的清盈口感,深獲
信賴。尤其後腰脊肉更是有著高
人氣,被譽為是「能讓人一嚐便
懂和牛有多美味」的部位。因為
想要保有大一點的切面,所以便
買下一頭牛約500kg重的屠體。後
腰脊肉的部位請人先分切成了三
等分,之後再自行將分切成片。
一等分約可再分切成35~40片
肉。

黑毛和牛A5

供應菜單
後腰脊肉 ▶ P.181

⑤ 剔除表面的筋膜與脂肪。即便會連
帶割掉一些肉,也要確保沒有筋膜
殘留。

① 撕除後腰脊肉邊緣的脂肪。掀開脂
肪,沿著肉將其撕開。

⑥ 由於內側的部分也有筋,所以也要
切除。

② 滾動肉塊,將上面的脂肪撕開,遇
到緊附著筋膜的部分就使用刀子劃
開。包附於脂肪內的牛肉則作為絞
肉使用。

⑦ 切片厚度依照當下的肉質而做微小
改變。用手摸起來的感觸差異大,
但落差落在1公釐左右。

③ 撕除後腰脊捲帶側肉。用手指剝開
脂肪層下面的筋膜部分,沿著肉的
交界處將拇指戳進去,把肉撕開。

後腰脊肉切片

為展現美麗的斷面以及入口即化的口
感,將肉切成大而薄的肉片。以手工
分切,將肉切成經炭火燒烤之後更顯
美味的絕佳厚度。

Point 將筋也一併去除乾淨,令口感變得柔嫩

④ 光憑手指難以撕開時,可用刀子劃
開,連同較硬的筋也一併剔除。此
時割除下來的肉,會拿來製作成套
餐中的牛丼料理。

肙眼心

4 一邊切除周邊殘餘的筋與脂肪，一邊整理肉片形狀。

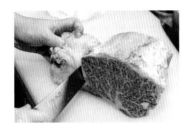

1 切除附著在肋眼心旁邊的厚重脂肪。

購買一整頭和牛的屠體，在送到店內之前會請人先做一定程度的分切。牛肋脊肉進貨時，也是已先做過肋脊皮蓋肉、肋眼肉捲帶側肉分切處理的狀態。這是為了要避免在店內做真空包裝處理。店家認為，與其要做真空處理而對肉施壓，不如請業者在出貨前先做一次性加工處理。

黑毛和牛A5

供應菜單
肋眼心 ▶ P.182

肋眼心切片
在後腰脊肉片的薄度上面增添一點變化，改切成略有口感的厚度。

2 剔除表面的筋與脂肪。由於是油花分布甚多的肉，為避免徒手進行分切作業時，不小心令肉中脂肪融化，隔著一塊毛巾進行修清處理。

Point 保留口感，將肉切成稍有厚度的薄片

3 將因業者加工處理問題而變色的部分切除。因為希望嚐到肋眼心的口感，故而薄切成稍微有厚度的肉片。

炭火燒肉
なかはら

薄切肉片的
燒烤方法

留意不要讓肉片沾黏在烤網上而破掉，在烤網上搧動著肉片再擺到烤網上面。這樣一來就能夠避免肉片沾黏烤網。若是薄切肉片，待表面油脂肉汁溢出即將肉翻面。不必像烤厚切肉片那樣多次反覆翻面，只需燒烤表面。

夾著肉在烤網上方搧動著將肉擺到烤網上。見到表面浮現油脂肉汁後，就將肉翻面，微烤一下即盛盤。

上後腰脊肉

③ 面積較小的部分，將下側切除以營造出平整的切面，並將此面朝下作為底部，進行分切。

Point 運用切法改變切面大小

④ 使用先向下深切一刀，接著再下另外一刀把肉整片切下來切法。第一刀向下切到刀子距砧板僅有些微距離的地方停下。

⑤ 再另外切一刀將肉切離。由於第一
↓ 刀向下切到僅剩底部還連在一起，
Ⓑ 所以攤開之後就會像是平整的一整片肉。

① 接近修清完成的狀態。殘留的筋可以之後再切除，儘量減少與空氣接觸的時間。照片中的是上後腰脊肉的頭側。將邊緣切除。

② 仔細查看纖維的方向，與纖維呈垂
↓ 直狀態下刀。此處的肉質纖維紋路
Ⓐ 向上延伸，所以微微傾斜著下刀。

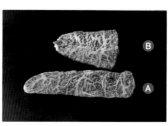

上後腰脊肉切片
吃起來略有咬勁的上後腰脊肉，為保留其本身的口感而切成略帶厚度的薄切肉片。Ⓑ即是運用蝴蝶刀切法攤開成一整片肉。

由後腰脊肉延續到臀骨附近的部位。有著瘦肉中柔嫩度適宜的口感，風味也很濃郁。油花分布適中，是高人氣的瘦肉部位。因為肉質與風味都很紮實，所以將其作為鹽味燒肉供應，安排在醬汁風味後腰脊肉片之後端上桌，在燒肉套餐中具有風味上的馳張互補。

黑毛和牛A5

供應菜單
上後腰脊肉 ▶ P.181

後腿股肉心（和尚頭）

後腿股肉心切片
瘦肉之中也分布了少許油花，飽含水分的斷面。吃起來沒有特殊味道，薄切之後以醬汁調味。

1 能夠品嚐到瘦肉的柔嫩度與風味的部位。在進貨時已是修清處理好的狀態，可以省掉不少動刀次數。先切除邊緣的肉。

Point　善用肉的斷面進行分切

2 不切成平整片狀，而是善用肉本身的形狀進行分切。輕微地調整下刀的角度，讓刀子可以垂直地切斷纖維。此處進行分切時要微微傾斜刀身。

位於內後腿肉內側後腿股肉的中心部分。肉質細緻而柔嫩。為了讓顧客品嚐到這樣的軟嫩口感，將刀子與肉纖維做垂直90度的切割。柔嫩的肉質相當適合佐搭醬汁，所以就以醬汁調味。有時也會改用下後腰脊角尖肉或下後腰脊球尖肉。

黑毛和牛A5

供應菜單
後腿股肉心 ▶ P.182

炭火燒肉
なかはら

事先調味

薄切肉片使用醬漬、厚切肉片使用鹽醃，這樣明確而不令味道出現偏差的事先調味，正是「なかはら流」的做法。為了要讓醬漬調味的肉片能夠在外觀美麗的狀態下提供，調味時不抓醃，而是以讓肉片自行吸收醬汁的感覺進行調味。在鹽醃調味上只想添加鹽巴的鹹味，所以選用WESTERN ROCK SALT。

醬漬

醬汁會依據肉上面的油花分布狀況而分成兩種。材料分別為醬油、砂糖、味醂、酒、醋、鹽，以及牛大骨高湯。為了要善用醬油的香味，所以留到最後才加醬油。

將肉浸泡在醬汁裡面。醬汁會根據油花的分布狀況做調整，若是油花多的肉，會在白砂糖裡面加一點二砂糖，調成風味濃郁的醬汁。

讓醬汁慢慢地滲進肉裡面。浸泡到肉的纖維變軟且光澤水潤。時間較趕的時候，可以連同醬汁一起稍加搖晃，讓肉可以早一點醃漬入味。

鹽醃

因為希望能夠品嚐到肉香與炭香，所以使用礦物質含量較少而較鹹的鹽巴。WESTERN ROCK SALT便是汙垢較少的岩鹽，故而使用這款鹽巴。

鹽醃肉的調味使用到了大蒜、芝麻油、黑胡椒、鹽。淋在肉上面輕抓調味，不做揉搓。每次最多只調味三片肉。

為了增添風味會添加少許大蒜，添加的量會隨肉的質地而改變。遇到帶有特殊氣味的內臟肉則是會再稍微多加一點點。

牛瘤胃

使用蓬鬆輕盈而分量厚實的上等牛瘤胃。進貨以後先用水清理，確實擦乾水氣再用紙包捲起來，放到冷藏室裡面保存。待開門營業之後，依照套餐上桌的進度，在快要輪到這道菜上桌前，在從冷藏室裡取出來分切。要是太早切好，表面就會乾掉，失去水潤光澤感。在分切之前先用刀子細密地劃出刀痕，之後再切成稍大一點的塊狀。

日本國產

供應菜單
牛瘤胃 ▶ P.182

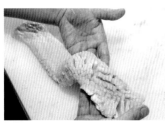

4 刀痕的深度深到僅剩底部還連在一起的程度。切好之後的牛瘤胃用手拿起來後，表面會呈現錯落散開的狀態。

Point 在內側垂直地劃上刀痕

1 在牛瘤胃的雙面都劃上刀痕。跟牛瘤胃呈垂直方向地劃下刀痕。刀痕的深度深到不將牛瘤胃切斷。

Point 切成一大塊，提高享用時的滿足感

5 為了讓顧客品嚐到一口吃下的滿足感，所以切成稍微大一些的一口大小。

Point 在外側劃上斜斜的格子狀

2 在牛瘤胃的外側劃上格子狀刀痕。首先，刀身垂直地從其中一邊開始斜向劃下間隔細密的刀痕。刀痕之間的間隔依照牛瘤胃的厚度而做出調整。

牛瘤胃切段
兼具易於食用且外觀美麗的切法。切成能夠一嚐爽脆口感的稍大塊狀。

3 將牛瘤胃轉向，讓刀身與已經劃下的刀痕呈垂直狀態，再用一樣的間隔劃下刀痕。

牛大腸

1 在腸皮部分劃下刀痕。讓刀身與牛大腸呈垂直狀態，用刀尖細密地劃上刀痕。

2 當刀痕劃足一塊大小之後，直接將其分切下來。為了保持牛大腸的鮮度，只切下需要的量就好。

牛大腸切塊
帶著水潤光澤的粉色腸皮上面附著潔白脂肪的牛大腸。為讓顧客在口中嚐到脂肪的鮮甜，將其切成稍大的塊狀。

相較於希望顧客嚐到牛瘤胃的口感，牛大腸則是希望讓顧客嚐到其內臟肉脂肪的鮮甜美味。為此，進貨時的牛大腸都是新鮮且已處理乾淨的狀態，在當天就供應完畢。進貨以後先用水仔細清洗，瀝乾水分即可用紙包捲起來。牛大腸比牛瘤胃更缺乏水分，所以水分可以不用去除得太過徹底。在牛大腸上面劃上刀痕。

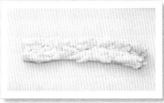

日本國產

供應菜單
牛大腸 ▶ P.182

炭火燒肉 なかはら
內臟肉的 燒烤方法

在套餐的燒烤料理之中作為收尾料理的內臟肉。能夠用燒烤方式來更加突顯內臟肉不同於肉的個性化風味。牛瘤胃需反覆翻面將其烤得酥香，牛大腸則需靜置慢烤以避免油脂流失。內臟肉需要花費此時間燒烤完成。

牛瘤胃

留意不要讓牛瘤胃沾黏烤網，在烤網上邊掀動著擺到烤網上面開始燒烤。放在會讓肉滋滋作響的位置上面頻繁地翻面烘烤，烤到表面變得爽脆。

烤好以後，趁熱加上柚子胡椒醬品嚐。

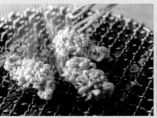

牛大腸

先從腸皮側開始烤。在烤網上邊掀動著擺到烤網上面開始燒烤，烤到表面微焦之後，翻面到脂肪側。留意不要讓油脂流失，慢慢地將此面也燒烤至微焦狀態。

烤好以後，放到小砧板上，由員工分切成容易食用的大小。

炭火燒肉 なかはら
套餐菜單

特製套餐

2萬500日圓（稅外／服務費另計）

「炭火燒肉 なかはら」的菜單基本上只分成1萬7000日圓、1萬9000日圓、2萬500日圓的三種套餐。顧客來店的時間固定分成兩批，每批顧客在相同時間開始用餐。為了讓顧客能品嚐到最佳狀態的美味燒肉，規劃出了套餐的供應流程，在最佳的時間點提供顧客享用。肉品都是由員工在顧客面前燒烤而成。為了服務未事先預約直接上門的顧客，也準備了9000日圓的套餐，由客人自行烹烤而不收取服務費。

3 夢幻牛舌

深知最高級和牛美味之處的店主中原先生，將其對燒肉的堅持都凝縮在此道牛舌拼盤之中。將舌根、舌尖、舌芯這三個依據部位而風味各異的牛舌切片，盛放在一個盤子裡，供顧客品嚐比較。每個部位都僅分切出最美味的部分，並配合肉質以最佳的厚度供應。

1 蔬泥奶油冷式濃湯
（Crème Vichyssoise Glacée）

第一道上菜的冷湯，在整份套餐裡面扮演著提高興致的角色。使用到了牛腱肉、牛大骨、阿基里斯腱，花費時間仔細地熬成清燉高湯，再做成高湯凍，盛放在冷式濃湯上面。最後還會撒上店家自己用和牛做的風味濃郁的粗鹽醃牛肉作為提味。

2 生拌牛肉

套餐一開始先端上牛舌。店內也取得了生牛肉的供應許可。將牛肉後腿肉製成生拌牛肉，藉以品嚐其瘦肉清爽與風味。以這道燒肉店的經典料理，作為燒肉套餐的前菜供應，大幅提升顧客對於燒肉的期待。

沙拉 4

是一道蔬菜飽含水分的沙拉，即便不是女性顧客也會不禁感嘆於其蔬菜的充實模樣。用於沙拉的蔬菜會根據季節而變動，大約 15 種類。新鮮的蔬菜採購自茨城縣牛久市。沙拉醬裡面添加了芝麻油和大蒜以配合燒肉的整體風味。

5 後腰脊肉

在享用完清爽的沙拉之後，接著端上桌的便是後腰脊肉。將眾所周知的高級肉切成一大片，擺在捲起來的小竹簾上面盛盤，讓顧客在視覺上也能享受到油花夫麗的肉之美。眼明手快地將肉燒烤好，品嚐那種入口即化的極致美味。

6 上後腰脊肉、
外橫膈膜肉

享用過入口即化後腰脊肉的柔嫩感之後，接著要品嚐的是有著紮實口感的兩種部位的鹽味燒肉。將外橫膈膜肉厚切，藉以享用到經燒烤技術烹調之後，肉質纖維略脆的口感。上後腰脊肉則是切成可以品嚐到肉在口中化開的薄度。用鹽巴帶出肉味十足的美味。

7 牛尾湯

為了讓顧客在接連品嚐了幾盤肉之後，能稍事歇息而安排的減量湯品。用牛尾巴熬煮牛尾湯，是一道將肉熬到化在湯裡面，最大限度地帶出牛尾鮮甜美味的湯品。喝下風味濃醇的牛尾湯，也能一下子就舒緩胃部。

肋眼心、後腿股肉心 8

將這兩個柔嫩部位的肉浸泡在醬汁裡面。吸收了醬汁的肉片帶著水潤光澤而飽滿的質感。不是揉拌醬汁，也不是淋上醬汁，而是將肉片浸泡在足量的醬汁裡面，讓醬汁滲入肉片裡面。要是太早將肉片浸泡於醬汁之中，會令肉片的色相變差，所以會斟酌上桌時機進行醬漬，在最佳狀態下供應。每天使用的部位並不固定，有時也會改用下肩胛翼板肉或下後腰脊角尖肉

9 韓式涼拌菜

用來讓味覺休息的小菜。一份裡面有涼拌豆芽菜、涼拌小松菜、醋漬蘿蔔絲共三個種類。藉由在套餐之中穿插著提供與牛肉風味迥異的小菜，讓蔬菜的爽脆口感與清爽風味跟下一道料理做連結。也能讓顧客在享用涼拌菜的同時，爭取到分切牛瘤胃與牛大腸的時間。

牛瘤胃、牛大腸 10

將韓式涼拌菜作為前後道料理銜接上的緩衝，接著再端上最後一項燒肉料理的內臟肉。最後才讓顧客品嚐這道，與套餐中其他肉品口感與風味最為不同的內臟肉。牛瘤胃與牛大腸都先以鹽巴調味，之後再做風味上的變化。牛瘤胃佐柚子胡椒醬，牛大腸則是佐蘿蔔泥柚子醋醬汁。店內顧客對於這樣風味清爽的內臟肉也都給予不錯的評價。

11 炸菲力牛排三明治

這是 2 萬 500 日圓套餐才特別有的品項。用裹粉油炸的方式將纖細菲力牛排的美味鎖在肉中，再拿來做成三明治。為了不要讓厚切菲力牛排過熟，管理氣炸鍋的溫度與油炸狀況。將炸得酥脆的外皮沾裹上帶有番茄糊酸甜風味的醬汁，夾在吐司裡面。大口咬進嘴裡，菲力牛排的香味與滋味就會在口中擴散開來，是店內的招牌菜。

牛丼、韓式泡菜 12

將因為斷面過大而切下來的部分後腰脊肉，拿來製作成牛丼。牛肉不做長時間的烹煮，而是在調味醬汁裡面快速地燙煮 1 分鐘，烹調出牛肉的柔嫩度，讓顧客品嚐到不同於燒肉的美味。和韓式泡菜一起供應。在「なかはら」店內，為顧及想要和白飯一起享用燒肉的顧客，即便是套餐吃到一半，也能夠點購買白飯。燒肉店「飽餐一頓」的這一點也相當為店家所重視。

13 涼麵

有不少客人在燒肉店吃到最後還想再來碗涼麵，店家便將涼麵也規劃進了套餐裡面。使用易於入口的麵體，再加上帶有酸味且清爽的湯汁，相當促進食欲。這是傾注了店主中原先生，想要守護燒肉傳統的心意所規劃出來的套餐組合。更以「若要開燒肉店，希望也要能夠供應涼麵、辣牛肉湯、韓式泡菜、韓式涼拌菜」為方針，指導將來想要自立門戶的員工。

14 甜品

最後再以甜品冰淇淋作為套餐的尾聲。最後再由集體員工一齊目送用完餐的顧客離開店內。由始至終都不馬虎的服務精神，更是提高了顧客對「なかはら」的評價。

左右燒肉美味程度的

一般而言燒烤爐所使用的多半是「格狀烤網」或是「直紋鏤空烤盤」其中一種。雖然兩者的烹烤特色各異，不過近年來也出現了兼具兩者優點的一體成形格紋鏤空烤網。我們將於此介紹該款烤網的特色，以及實際採用這種烤網的店家感想。

完全兼具「格狀烤網」與「直紋鏤空烤盤」優點的劃時代烤網

「Super net（スーパーネット）」、「Flat net（フラットネット）」

4 大特色

1 可將食物迅速烤好且鎖住美味

2 對提升翻桌率有所貢獻

3 可用烤網清洗機清洗

4 可半永久性使用

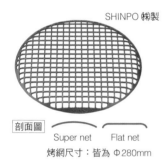

SHINPO ㈱製

剖面圖　⌣Super net　⌣Flat net

烤網尺寸：皆為 Φ280mm

Flat net 可利用來自熱源的輻射熱和烤網本身的熱度，迅速地將食物烤熟且鎖住美味。漂亮的格子狀烤痕也是一大魅力。

Q 用過「Flat net」之後的感想是？

A 食物很快就能烤好，而且溫度相當穩定。烤痕所帶來的視覺享受在顧客之間也廣受好評。

熱傳導率高，而且很快就能將食物烤熟是它最大的特色。能在視覺上促進食慾的格子狀烤痕，也令顧客感到開心。由於蓄熱性也很高，所以表面溫度不易下降，就算是一直來回翻面也能夠很快就烤熟。以前使用的是一般格狀烤網，用烤網清洗機清洗的時候，網格疊交處有時還是會有汙垢殘留的情況發生。不過，「Flat net」用清洗機清洗之後，就能在沒有汙垢殘留的乾淨狀態立即再做使用，所以相當便於使用。

㈱FOODRIM 統籌經理
三輪邦生 先生

「韓の台所 別邸」

SHOP DATA

地址 ‧ 東京都渋谷区道玄坂 2-29-8
　　　道玄坂センタービル 7F

電話 ‧ 03-5489-7655

營業時間 ‧ 11 時 30 分～ 15 時
　　　　　（L.O.14 點 30 分）

　　　　　平日 17 點 30 分～ 23 點 30 分
　　　　　（L.O.23 點）

　　　　　週日、例假日 17 點～ 23 點
　　　　　（L.O.22 點 30 分）

休息日 ‧ 無休

「能夠在屬於年輕人的街道東京澀谷中，讓大人吃得盡興的燒肉店」為其經營理念。店內備有 16 間包廂，從一般聚會到接待、約會等皆適宜，廣泛抓住顧客的來店需求。肉品使用的是一整頭購買的山形牛。在燒肉菜單方面，不單單只有能同時品嚐比較多種部位的拼盤組合十分受到歡迎，可以配合人數調整盛裝肉量的大分量菜單也十分齊全，因而也抓住了家庭客群。此外，生拌牛肉、牛瘦肉刺身、霜降牛肉飯糰等生生肉‧壽司菜單也都是暢銷商品。為和牛而來的外國顧客更是多達三成。

均衡盛裝了瘦肉與霜降肉的「山形牛木盒拼盤 六種」5980 日圓（稅外）

正因為是將山形牛一整頭購買下來，所以才能享用到各種稀有部位

燒肉套餐的
菜單規劃

PART II

東京・西麻布

燒肉 西麻布 けんしろう

在這彷若茶館般跳脫日常的氛圍裡所提供的，是「けんしろう」的創意燒肉料理與頂級瘦肉燒肉所交織而成的套餐料理。店內備有價格落在 2 萬 5000 日圓～1 萬 3000 日圓的四種套餐。在此介紹人氣較高的 2 萬日圓套餐「懷」。

SHOP DATA

地址・東京都港区西麻布 4-2-2
電話・03-6427-2949
營業時間・17 點～24 點
休息日・週日
場地規模・34 坪・38 席
平均單人消費・2 萬日圓～

店主・岩崎 健志郎 先生

打造出坐落在青山與麻布十番的高級燒肉人氣店，並於 2015 年開了這間冠上自己名字的「燒肉 西麻布 けんしろう」。將嚴選的頂級肉品以本格肉料理店形式提供的套餐，令饕客不禁為之拍案叫好。

> 在最棒的空間與服務下
> 以「跳脫燒肉」為目標的
> 究極燒肉套餐料理

懷 - futokoro -　　一人份 2 萬日圓（含稅・服務費另計）

1　開胃菜 ● 冷製茶碗蒸
2　沙拉 ● 健志郎涼拌生菜沙拉
3　牛肉刺身 ● 山形牛的牛肉刺身三品拼盤
4　烤牛舌 ● 厚切和牛舌與雪室熟成牛舌二品拼盤
5　健志郎燒烤 ● 夏多布里昂牛排
6　鹽味燒烤 ● 尾崎牛瘦肉三品拼盤（外橫膈膜肉、上後腰脊肉、肩胛板腱）
7　小菜 ● 秋葵・蓴菜・小番茄佐蘿蔔泥土佐醋
8　創意肉料理 ● 炸內橫膈膜肉
9　醬漬燒烤 ● 夏多布里昂與內橫膈膜肉二品拼盤
10　壽喜燒 ● 後腰脊肉
11　主食 ● 炙烤和牛壽司
12　甜品 ● 自製布丁與百香果雪酪

※收錄內容為採訪當下的內容。套餐的組合・品項會依時期而有所改變。

循著跳石步行而至的玄關，有著宛若茶館般的旨趣。店主岩崎健志郎在這個彷彿是茶席的空間中，意欲創造出來的便是「跳脫燒肉」的目標。希望顧客能在跳脫出日常生活的頂級和牛，享用可謂是日本文化的頂級和牛，所以裝潢店鋪陳設時也跳脫日常生活的燒肉店陳設，將店內打造成形似日本料理店的空間。從前菜開始所供應的料理，處處皆添加了日本料理的元素。

根據價格，分成了 1 萬 3000 日圓、1 萬 6000 日圓、2 萬日圓、2 萬 5000 日圓四種套餐。其售價按照使用到的牛肉部位、菜式數量而有所不同。其中最為受歡迎的便是要價 2 萬日圓的套餐。店主岩崎先生不只使用如尾崎牛這般為人所知

具有一定評價的肉品，也運用自身的好眼光自行發掘出被埋沒的品牌牛。不重視霜降牛肉，而是專注於嚴格挑選瘦肉部位鮮甜美味的牛肉。進貨前會先請人順帶將肉分切成一小批一小批，竭力減少用手碰觸到這些牛肉的機會。徹底管理後續保存與分切當下的溫度控管，並配合牛肉各部位的肉質，用最適切的方法去做分切，繼而再進行調味。

這樣高品質的肉質，令饕客紛紛為之聚集，追求更為美味的肉饗宴。此外，套餐裡面還包含了一道，瞬間將肉煙燻的招牌「健志郎燒烤」華麗料理。正因為高價範圍的套餐裡有著此處僅有的價值存在，預約便因而集中在高價範圍的套餐。

2 沙拉
健志郎涼拌生菜沙拉

希望顧客在享用燒肉之前先品嚐一道蔬菜，進而更能吃出肉的美味，故而在套餐剛開始就端出沙拉。採用的新鮮蔬菜是店主岩崎先生，直接從值得信賴的兵庫縣篠山市契約農家直送至店。照片中的是將紅葉萵苣、小黃瓜、番茄簡單地拌入芝麻油、大蒜、鹽巴等調味料的涼拌生菜沙拉。使用時令蔬菜的繽紛沙拉也是店內的經典料理。

1 開胃菜
冰鎮茶碗蒸

一開始用易於入喉的茶碗蒸或蔬泥高湯來做開場。供應時的溫度會依季節而改變，按身體的狀況而做調整，炎熱的夏天會預先冰鎮好，寒冷的冬天則會熱騰騰地端上桌。照片中的是冰鎮茶碗蒸，用牛骨高湯做成的茶碗蒸上面放上蠶豆，再淋上勾芡汁，享用其滑順的口感。

3 牛肉刺身
山形牛的牛肉刺身三品拼盤

最先上桌的肉料理為生食牛肉。選用瘦肉部分尤為美味的山形牛的上後腰脊肉，佐以醬油、鹽巴、拌式醬汁供顧客享用。可以嚐到燒肉所吃不到的生肉特有的優質甘甜，相當受到歡迎。有時也會將切成條狀的牛肉拌入醬汁的生拌牛肉，單獨作為單品料理供應。

套餐的流程

1 為讓顧客在開始享用燒肉之前有所準備，故而以滑嫩易入口的湯品或茶碗蒸，緩和顧客的身體或腹部狀態。

2 考量到女性顧客等抱有「吃肉之前要先吃些蔬菜」的人為數不少，所以將蔬菜安排在這個出菜順位。使用了新鮮蔬菜的沙拉也會給人一種健康的印象。

3 接著出菜的是牛肉刺身。藉由在此處端出優質的生食牛肉，提高顧客對於燒肉的期待感。生肉的滑膩風味不同於燒肉，也可藉此增添一些變化。

接續下一頁

4 烤牛舌
厚切和牛舌與雪室熟成牛舌二品拼盤

「けんしろう」的牛舌拼盤，是由厚切和牛舌、在新潟的雪室熟成三十天的薄切「雪室熟成（SNOW AGING）牛舌」兩種牛舌組合而成。經過熟成後的牛舌更顯鮮甜美味，即使只是薄切也具有壓倒性的存在感。厚切的牛舌則是在表面稍微劃下格紋刀痕，將其烤得表面焦香、內部多汁。烤好以後用鹽巴、黑胡椒調味，接著再擠上檸檬汁享用。

6 鹽味燒烤
尾崎牛瘦肉
三品拼盤（外橫膈膜肉、上後腰脊肉、肩胛板腱）

在柔嫩的夏多布里昂之後端上桌的是以鹽巴調味，在口感上面各有千秋的三種牛瘦肉。外橫膈膜肉、上後腰脊肉、肩胛板腱，吃起來並不硬，具有恰到好處的彈牙口感。將其切成具有厚度的肉，讓顧客享用那經細細咀嚼方能嗜出的美味。將外橫膈膜肉切成最厚、上後腰脊肉切成略厚、肩胛板腱切成稍薄的厚度，藉由改變這三種肉各自的厚度，突顯其本身的風味。

5
健志郎燒烤
夏多布里昂牛排

冠上店主岩崎先生名字的原創燒肉「健志郎燒烤」。經過極低溫加熱烹調的夏多布里昂，設計成在端到顧客桌位後，瞬間注入燻煙，一打開玻璃罩，便有煙燻香氣撲面而來的形式供應。將這個從一頭牛身上只能取得極小量的、十分稀有的部位，烹調得軟嫩可口，再以令人驚豔的上菜方式做提供。而更令顧客感到驚艷的，往往是夏多布里昂牛排的肉質軟嫩程度。

6 在軟嫩的夏多布里昂牛排之後，以具有彈牙口感的鹽味燒肉增添變化。也能在享用三種風味、口感各異的瘦肉拼盤時，細細品嚐比較。附上柚子胡椒醬與山葵泥作為提味之用。

接續下一頁

5 接著端上桌的是招牌「健志郎燒烤」。使用煙燻槍在顧客桌前進行煙燻。掀開玻璃罩之後，自四散瀰漫的燻煙之中現身的夏多布里昂牛排，總是能得到絕大多數客人的歡呼聲。是套餐裡面最能炒熱氣氛的重點料理。

4 燒烤料理從與顧客期待相左的牛舌開始供應。將厚切與薄切的兩種牛舌一同上菜，使兩者之間，微脆而彈牙的口感與濃郁的鮮甜美味形成一種對比。

3

8 創意肉料理
炸內橫膈膜肉

在品嚐下一道醬漬燒肉之前，先端出炸內橫膈膜肉或法式牛舌肉醬、馬鈴薯燉黑毛和牛舌等，以牛肉為主角的料理，下足工夫不讓顧客覺得膩。這種高度創造性的肉料理，也是「けんしろう」的一大特色，與其他店家形成一種區別。照片中的炸內橫膈膜肉是用低溫加熱烹調，再薄薄裹上一層麵衣，用熱油炸到酥脆。

7 小菜
秋葵・蓴菜・小番茄
佐蘿蔔泥土佐醋

連續上了三道鹹味燒肉料理後，穿插提供這道用來變換口味、清爽解膩的醋漬小菜。用蔬菜搭配土佐醋的溫和酸味，讓味覺得以喘口氣，與下一道肉料理做連結。照片中的是用秋葵、蓴菜與小番茄做的夏天取向醋漬小菜，佐搭添加了蘿蔔泥的土佐醋一起品嚐。有時也會在此時端出時令水果做成的雪酪。

9 醬漬燒烤
夏多布里昂與內橫膈膜肉
二品拼盤

在瘦肉部位之中，菲力是店內的招牌肉品。接近套餐尾聲所端出的醬漬燒肉，也能嚐到夏多布里昂細緻而高雅的美味以及那軟嫩的口感，與另一種口味較重的內橫膈膜肉一起合併裝盤。醃漬的醬汁會依照肉質風味而有所不同，沾醬也準備了「黑醬油」與「白醬油」兩個種類。藉由改變浸漬於其中的水果，將黑醬油調整成清爽風味、白醬油調整成微甜風味。

8 ←

於此時再次享用很有「けんしろう」風格的高度創造性的黑毛和牛舌肉醬、內橫膈膜肉料理，增添令人覺得煥然一新的黑毛和牛舌肉料理，充滿玩心一格如燉的享用，還有法式牛舌肉醬、馬鈴薯燉黑毛或法式牛舌肉料理，顧膜肉或薯膜肉燉沒

7 ← 6

接連吃了幾道燒肉，所以在此處稍作歇息，準備了這道用來變換口味的醋漬蔬菜。藉由品嚐不同於肉的口感與酸味來解膩。

10 壽喜燒 後腰脊肉

套餐裡面的最後一套燒肉料理。將塗抹上醬汁的大片薄切後腰脊肉快速地烤好盛盤，沾裹著風味濃醇的蛋黃一起享用。在燒烤這種留有少許脂肪的分切肉片時，也下了一番工夫。需小心翼翼地烹烤以避免流失肉中所含有的油脂。

12 甜品 自製布丁與百香果雪酪

最後供應的甜品也是超越一般燒肉店格局，費盡心思製作而成的甜點。照片中的是店家自製的滑順布丁與利用時令水果做成的雪酪。另也有諸如內含鳴門金時紅豆的冰淇淋最中等，具高度創造性的品項，店內菜單每天都不斷地進化當中。

11 主食 炙烤和牛壽司

收尾的主食為將炙烤過的薄切牛肉片盛放在壽司飯上面的炙烤壽司。不做成握壽司，而是做成分量不會負擔過重的丼飯，留下一種意猶未盡的餘韻，搭配和風高湯做成的湯品，令人為之身心舒緩。將足量的蔥絲切好後泡水洗去辛辣味道後，放到牛肉片上面，佐附上山葵泥。主食的料理會依據套餐的不同而改成炊飯或涼麵。

12 ←

在甜品上面也絲毫不馬虎，藉由端出充滿魅力的自製甜點，提高顧客的滿足感之餘，也能令顧客產生再度光臨的意願。

11 ←

風味濃郁的肉片搭配帶著酸味的壽司飯，做成一碗令人即使已吃飽也難以停下筷子的丼飯，為套餐做收尾。經過炙烤的上後腰脊瘦肉，佐搭上泡過水的足量蔥絲與山葵泥一起享用。

10 ←

套餐後半段的亮點在於霜降後腰脊肉。大片到令人感到驚訝的肉片使人興致高昂。具濃醇風味的蛋黃也是提高滿足感的一大要素之一。

9

延續著「想要吃燒肉」這種期待而端上桌的醬漬燒肉。在品嚐下一道風味濃厚的霜降牛肉之前，先搭配沾醬享用具有風味細緻的夏多布里昂、口味較重的內橫膈膜肉。

東京・本鄉

肉亭ふたご
本鄉三丁目店

「肉亭ふたご」所供應的揉合了日本料理與燒肉店料理的套餐中，將燒肉的部分作為整個套餐的主軸。上菜到燒肉的部分時，會將一人份的肉盛裝在木盒裡供應，並給予顧客自由的時間去依個人喜好自行烤肉享用。儘管是套餐，也能從中體驗到燒烤最原始的享用樂趣。

"

以融入日本料理元素的套餐規劃漸次提高顧客對肉的期待，令「肉匣」成為主角

肉匣IBUKI（いぶき） ＋ 饗花粋月

（特上等肉180g）5000 日圓（税外）　　　3000 日圓（税外）

1 開胃菜 ● 芝麻豆腐生拌牛肉	5 特色料理 ● 高湯醬汁燒肉
2 前菜 ● 黑毛和牛壽司／韓式涼拌菜三樣／蟹肉蛋黃醋／香炸銀杏仁／地瓜甘露煮／自製薩摩炸魚餅	6 肉匣 ● IBUKI（特上等肉180g）
	7 清口小點 ● 蘋果雪酪
3 湯品 ● 松茸土瓶蒸	8 主食 ● 生蛋拌飯或是盛岡涼麵
4 牛肉刺身 ● 輕炙和牛後腰脊肉捲海膽	9 甜品 ● 杏仁慕斯佐水梨醬

※套餐的品項會依季節而有所改變。

SHOP DATA

地址 ‧ 東京都文京区本鄉 5-24-7
　　　プラウドタワー本鄉東大前 1F
電話 ‧ 03-3868-2576
營業時間 ‧ 17 點～23 點（L.O.22 點）
休息日 ‧ 無休
場地規模 ‧ 50 坪 ‧ 50 席
平均單人消費 ‧ 9000 日圓

經理‧近藤 祥子小姐／料理長‧西尾 岳先生

照片左邊是經理近藤小姐，於 FTG Company（股份有限公司旗下）的「大阪燒肉‧ホルモンふたご」店鋪累積了一番經驗後，參與「肉亭ふたご」的開業與經營。右邊則是將燒肉的元素融入日本料理之中，創造出此般獨創料理的料理長西尾先生。

2010年自東京五反田13坪大的「大阪燒肉‧ホルモンふたご」店鋪開始創建起來的FTG Company（股份有限公司）。作為以親民價格提供嚴選牛肉與新鮮牛內臟的燒肉店而博得人氣，進而發展成一間在日本國內外擁有六十多間店鋪的大企業。向來以大眾化作為賣點的該公司，基於新穎概念所設立，在洗鍊的和式風格空間裡提供「款待料理」的店鋪就是這間「肉亭ふたご」。

在肉品的菜單之中，以「肉匣」這一道，分別盛放了一到兩片A5等級黑毛和牛稀少部位肉片的料理最受歡迎。根據肉的部位與分量，可以再分成180公克3000日圓的上等牛肉KOIKI（こいき）、180公克5000日圓的特上等肉KOKOROIKI（こころいき）這三個等級。一道「肉匣」需要搭配一份套餐料理一起點餐，而套餐分成了2500日圓與3000日圓兩種。從開胃菜開始到前菜、湯品……在這種如懷石料理一般的料理之中，享用到細緻的時令風味。

店家雖然將這些料理以日本料理的形式供應，但絕未忘記對於燒肉的堅持。全部都是將燒肉店普遍會用到的元素融入其中的料理。店內員工會仔細地說明料理，自然而然地令顧客對燒肉產生期待，繼而在終於將肉端上桌之後，充分享受能夠自行烹烤的燒肉之樂，以及按照個人喜好享用燒肉的樂趣。

IBUKI（いぶき）、230公克8000日圓的特選級牛肉

開胃菜　**1**
芝麻豆腐生拌牛肉

在店家自製的芝麻豆腐上面，擺放上生拌牛肉後腿肉製成的開胃菜。藉由在生拌牛肉中加入芝麻糊，為芝麻豆腐與生拌牛肉這樣充滿意外性的組合，做出風味上的調和。套餐的料理，充滿著建構在與燒肉有所連結的獨創性創意。上好牛瘦肉的清爽搭配香醇的芝麻豆腐，與仔細熬出的高湯鮮味相當合拍。

前菜　**2**
黑毛和牛壽司
韓式涼拌菜三樣／
蟹肉蛋黃醋／
香炸銀杏仁／
地瓜甘露煮／
自製薩摩炸魚餅

將相當下酒的滋味多樣化料理，如懷石料理的八寸＊一般組合在一盤。運用充滿季節感的食材來製作，並裝盤點綴得繽紛而多彩。除了備受歡迎的和牛肉壽司之外，也一併附上燒肉料理少不了的韓式涼拌菜，展現最具燒肉店風格的一面。

套餐的流程

1 芝麻豆腐的溫和香醇風味，加上用清爽牛瘦肉做成的生拌牛肉，由這樣一道具有高度設計考量的料理為套餐拉開序幕。生拌牛肉搭配芝麻豆腐的組合也令人感到驚艷。

2 前菜每樣少許備上了日本料理中充滿季節感的下酒菜。在組合上也考量到了料理與燒酎、日本酒或日本葡萄酒等日本酒品的酒精濃度之間的兼容性。

← 接續下一頁

＊ 八寸：作為懷石料理中的前菜，將幾道約一口大小的料理盛放在八寸（約24公分）大小的正方盤裡供應。

湯品
3 松茸土瓶蒸

秋天也會用到松茸。土瓶蒸的高湯是在用牛尾熬煮出來的湯汁裡面，加進鰹魚高湯的混合高湯。在食材之中加進了牛舌，於濃醇湯汁的風味中奢侈地享用這樣的美味。以在顧客座位上繼續加熱的形式供應，在漸漸變冷的季節有著令人為之欣喜的考量。冬天有時會改用鮮蝦糝薯＊或蟹肉糝薯做成湯品，按照季節改變湯品食材。

4 牛肉刺身
輕炙和牛後腰脊肉捲海膽

牛肉刺身使用到了和牛後腰脊肉與海膽。雖然是在此之前未曾有人思考過的新穎組合，入口即化的和牛與口感綿密的海膽這般奢華的滋味，獲得了相當高的人氣。在店內將其作為刺身料理，規劃進套餐裡面。先將牛肉表面輕輕炙烤，再用牛肉將海膽捲包起來。在牛肉表面塗上一層醃肉醬汁作為調味，點綴上山葵泥。

＊糝薯：將白肉魚、鮮蝦或雞肉研磨成泥之後，與山藥泥、蛋白等食材混合在一起，加入調味料之後塑型，或蒸或炸。

5 特色料理
高湯醬汁燒肉

將鮮紅的內後腿肉切成一大片的薄肉片，燒烤好後浸漬高湯醬汁享用。由於肉片的薄度令其不易燒烤，所以由員工協助以將肉片平舖在烤網上面，再快速地將肉片捲起來的方式燒烤。用這樣娛樂性的燒烤方式來炒熱氣氛。高湯醬汁以牛骨高湯為基底製作而成。烤好後的肉片浸附高湯醬汁享用，而融入烤牛肉鮮甜美味的湯汁也別具一番美味。

燒烤方式
食用方式

3　接著按照宴席料理的流程，端上湯品。用這道以牛筋熬煮出風味濃厚的湯汁來暖胃，再進一步享用松茸等食材的秋思香韻。

4　將牛肉的刺身料理，製作成不影響後續品嘗燒肉感受的一口大小尺寸。和牛後腰脊肉與海膽的組合，在視覺上跟風味上都帶給人相當大的衝擊。

5　開始進行燒烤。最剛開始的烤牛肉片，以員工從旁協助燒烤的形式供應，讓顧客得以享用到最為美味的薄切肉片。也能在顧客面前展現烹烤牛肉的表演。

接續下一頁

6 肉匣
IBUKI（特上等肉180g）

盛放在印有「肉亭ふたご」商標的木盒中的是，每片肉的形狀都仔細分切的六種肉。具有壓倒性存在感的牛肉，令顧客在打開盒蓋的瞬間，自然而然地為之驚呼出聲。照片中自左而右分別是上等牛舌、後腿股肉心、後腰脊翼板、上等外橫膈膜肉。小缽裡的是用肋間牛五花肉去做調味的藥念醬 * 醃牛五花肉。其他一併附上的海鮮類的鮮蝦與燒烤用蔬菜也相當受到好評；燒烤用蔬菜包含了茄子、長蔥、萬願寺甜辣椒、杏鮑菇等，分量充足。三種沾醬分別為柚子醋醬汁、檸檬沾醬、沾肉醬。檸檬沾醬是在油裡面加進檸檬汁、鳳梨汁和醋，並加以乳化所製成，營造出柔和的酸味。
※ 內容物會因進貨狀況‧季節變化而有所變動。

7 清口小點
蘋果雪酪

在供應主食之前，先穿插提供用時令水果製成的雪酪，藉以去除殘留於口中的餘味。

* 藥念醬：「藥念」為韓國料理中，配合料理所調配的調味料總稱。沒有固定的材料與調配比例。

8 　主食
生蛋拌飯或是盛岡涼麵

主食的料理，有生蛋拌飯與盛岡涼麵可供顧客挑選。照片中的生蛋拌飯上的生蛋是浸漬過秘傳沾醬的牛蛋黃部分。一併附上煙燻醬蘿蔔、醃漬野澤菜、有馬山椒時雨煮，以及嫩豆腐紅味噌湯。盛岡涼麵則是以鰹魚高湯為基底，加上來自盛岡的麵烹煮而成。

9 　甜品
杏仁慕斯佐水梨醬

飯後的甜品也是煞費苦心製作而成，充滿魅力的甜點。有著濃郁杏仁香氣的綿密慕斯，搭配具有脆甜口感的水梨醬。隨盤附上不加調味就直接油炸的蕎麥籽用來突顯口感變化，將其撒在杏仁慕斯上面一同享用。

6 →

每一位顧客都有一盒肉匣，這是出自於希望每位顧客，都能夠按照個人喜好的順序去享用這道料理的考量。在這裡先跳脫套餐的束縛。

7 →

待顧客都各自享受完燒烤的樂趣之後，再讓顧客享用雪酪清爽口中餘味。亦藉此撫平飽嚐燒肉後的高昂情緒，進而能夠接著享用主食。

8 →

主食的料理可讓顧客依照自身的飽足感，自行評估是要點飯還是點麵。若是攜伴而來的顧客，就能夠一人點飯、一人點麵一起相互品嚐，更添別樣趣味。

9 →

最後一道會影響整體用餐印象的甜品，傾向採用口味不會太重，具有強烈創造性的甜點。最後再點綴上蕎麥籽的這種作法，亦能夠帶來加深印象的效果。

> 藉由規劃出適合
> 佐搭葡萄酒的燒肉料理，
> 確實留住來訪的酒客

大阪・北新地

燒肉　威德

在套餐中穿插端出水潤飽滿的蔬菜，包含夏多布里昂、後腰脊肉等高級部位在內，將烤牛肉與牛肝醬等小品料理、牛舌、牛瘦肉、牛內臟等都恰如其分地做出安排。一盤料理中的肉約重 20～30 公克，恰到好處的分量拿捏相當適合下酒。

黑毛和牛套餐　　　　10,000 日圓（稅外）

1	前菜　鮮蔬拼盤	7	今日烤蔬菜
2	烤牛肉	8	水果番茄
3	牛肝醬	9	黑毛和牛 夏多布里昂
4	黑毛和牛 特選牛舌	10	黑毛和牛 薄切嚴選後腰脊肉
5	今日牛瘦肉	11	中川一邊陶土鍋的土鍋白飯
6	今日牛內臟	12	水果

SHOP DATA

地址 ・ 大阪府大阪市北區堂島 2-2-33
RES ビル堂島ビル 1F

電話 ・ 06-6346-1929

營業時間 ・ 18點～22點30分（L.O.24點）

休息日 ・ 週日、例假日

場地規模 ・ 12坪 ・ 12席

平均單人消費 ・ 1萬6000日圓

店主 ・ 威德 智代 小姐

將店主自行烹烤的炭火燒烤料理、和葡萄酒也很搭的肉料理、新鮮蔬菜料理，組合規劃成一份套餐而備受歡迎的「燒肉 威德」。店內所供應的套餐，僅有1萬日圓的黑毛和牛套餐與1萬3000日圓的豪華套餐兩種而已。使用到的肉主要為A4等級以上的山形牛或熊本和牛。在集體店鋪統一進貨，再由店主威德智代小姐自行進行分切處理與烹烤。坐落在大阪北新地這個成年酒客集結的地點，藉由寬敞平坦的吧檯營造出沉靜的待客氛圍與高雅的空間。和一般燒肉店容易有的吵嚷喧鬧氛圍做出區隔，擄獲了40～50歲的男性顧客。

套點以內含12道料理的1萬日圓套餐為基本，於此套餐內加上圓套餐點。

外橫膈膜肉與紅酒燉牛舌即為1萬3000日圓的套餐。這種簡單明瞭的售價設定也甚獲好評。飲品菜單內的葡萄酒也下了一番工夫，高腳杯一杯量約1000日圓～，一瓶約為6000日圓～。以售價在1萬日圓上下的品牌最為齊全。

為了銷售葡萄酒，所以在套餐裡面安排了烤牛肉、牛肝醬這些能夠佐搭葡萄酒享用的下酒菜料理。此外，更在肉料理之中穿插供應當季新鮮蔬菜，設計出能夠均衡享用到肉與蔬菜的優質套餐。高品質的肉則以嚐起來風味清爽的鹽味燒肉為主。在套餐中隨處都能感受到女性般無微不至的貼心設想。

在大阪市與八尾市展店的「燒肉わっちょい」累積了十年的經驗後，於2014年自行開店經營燒肉店「燒肉 威德」。從肉品的進貨、修清、事前處理，以及烹調燒烤，都是獨自一人進行。細緻入微的服務與技術，擄獲了北新地成年人顧客的心。

1 前菜
鮮蔬拼盤

在享用肉品之前，先讓顧客品嗜水
嫩的生菜刺激食欲。使用水茄子、
冰菜（Puttina）、甜椒、紅心蘿蔔、
生吃南瓜等，選用這些不同於一般
沙拉蔬菜、罕見而又高雅的蔬菜。
冰菜使用的是具顆粒口感並帶有少
許鹽味的水晶冰菜（Ice Plant）品
種。

2 烤牛肉

將內腿肉下側部位的下後腰脊球尖肉拿來製作
成黃金烤牛肉。快速地將表面煎烤定型至焦香，
再以真空包裝之後，連同包裝一起放入熱水之
中以慢火加熱。使用這個烹調方法，不但能夠
防止牛肉變得乾巴巴，還能烹煮出多汁水潤的
烤牛肉。薄切成片之後，沾附以醬油為基底製
作而成的醬汁享用。

牛肝醬 3

使用牛肝自製而成的
牛肝醬。香醇而濃郁
的牛肝沒有什麼特殊
味道，非常適合作為
葡萄酒的下酒小點。
牛肝醬入口即化，抹
在以炭火烘烤過的法
國麵包上面，和酒一
起享用。

套餐的流程

1 先以新鮮蔬菜的脆甜口感與
清爽風味刺激食欲。端上配
色多彩的蔬菜，以繽紛的形
象為套餐拉開序幕。

2 接著開始提供能夠誘使顧客
點酒的下酒菜。藉由在套餐
剛開始就供應這道可以預先
準備好的料理，也能縮短上
菜的間隔時間。

3 緊接著提供的是與燒肉相差
甚遠的濃郁滑順牛肝醬。到
此為止都是套餐的前半段料
理。待顧客與店家進入狀
況以後，才開始進入燒烤料
理。

接續下一頁

黑毛和牛 特選牛舌 4

待顧客心情放鬆下來以後，轉而提供燒肉料理。一開始先供應牛舌。將柔軟的和牛牛舌厚切燒烤。先將正反兩面各燒烤一分鐘，靜置片刻，約莫放置兩分鐘半。在這個時間內，溫度會慢慢地滲透進內部，形成漂亮的粉紅色。對半分切之後，佐附上鹽巴、山葵泥和酢橘。

今日牛瘦肉 5

「今日牛瘦肉」正如其名，會根據進貨狀況與出餐數量做調整，每天供應的部位都會有所不同。照片中是厚切下後腰脊角尖肉，是內腿肉下側部位中有油花分布、柔嫩而具有高度價值的部位。除此之外，也會使用後腰脊翼板、上後腰脊肉、肩胛板腱肉等等的稀少部位。加上鹽巴與芽苗菜一起清爽地享用。

4 ← 3

在「燒肉要從牛舌開始享用」的印象之下，從牛舌開始燒烤。由於會花上一些時間，所以趁著供應下酒小菜的期間就開始燒烤。

今日牛內臟　6

接著端出的牛內臟也同樣繼續以鹽巴調味。除了照片中的牛心之外，也會使用瘤胃三明治、小牛胸腺、牛頰肉等新鮮度良好的牛內臟，佐鹽燒烤，再沾附芝麻油與鹽巴享用。牛心不過度加熱，以鎖住肉汁的方式燒烤，妥善利用牛心的獨特口感。

8　水果番茄

接著以水果番茄清除口中餘味，藉以跟作為主餐的燒肉做連結。水果番茄使用高知縣產的高糖度「奏トマト（Kanade 小番茄）」。跟嫩葉生菜一起供應，在顧客心中留下這間店不只肉好吃，就連蔬菜也很美味的印象。

7　今日烤蔬菜

在品嚐過幾道肉料理後，於中間穿插供應烤蔬菜，一口氣變換口味。烤蔬菜除了照片中的蘆筍之外，還會選用香菇、玉米筍、蓮藕等時令蔬菜。為發揮蔬菜本身的清脆口感與水嫩感，稍微燒烤即可上桌。供應現烤蔬菜也能讓顧客感受到當下的季節感。

接續下一頁 ←

 8 ←
進一步端出生菜，清除口中的餘味。用水果番茄的酸甜滋味與嫩葉生菜的苦味，讓嘴巴變得清爽起來。

 7 ←
連續幾道肉料理之後，端上烤蔬菜。以季節性蔬菜的口感與香味作為套餐中半段的亮點。蔬菜所帶來的輕盈感，能夠減輕肉料理的厚重感。

 6 ←
享用過牛舌、牛瘦肉之後，輪到牛內臟肉。不使用帶有強烈特殊味道的內臟肉，而是使用牛心與瘤胃三明治等，大部分人都容易接受的部位。

5 ←
接著是鹽烤瘦肉。使用有適度油花分布的優質瘦肉部位，具有恰到好處的口感，能夠充分品味到牛肉的鮮甜美味。

黑毛和牛 9
夏多布里昂

定位為主餐的夏多布里昂。將菲力之中具有高度稀罕性的夏多布里昂，以厚切的方式切成一口大小，以充分保有口感的形式供應。由於這是一個肉質相當柔嫩的部位，即便切成厚片也不劃入刀痕，將表面充分烤得焦香、內部柔嫩多汁，享受這種燒烤出來的美味對比。佐附上鹽巴、山葵泥和酢橘。

10 黑毛和牛
薄切嚴選後腰脊肉

11 中川一邊陶
土鍋的土鍋白飯

套餐的最後一道燒肉料理，以唯一的一道醬烤燒肉做收尾。用陶土鍋炊煮的米飯剛好在這個時間點煮好，和裹上醬汁燒烤的薄切後腰脊肉片一起享用。後腰脊肉本身的美味自不必說，再加上剛煮好的米飯一起入口，那樣的美味程度更是讓顧客好吃到說不出話來。隨餐附上的生蛋，不論是用肉沾裹上蛋液品嚐，還是要直接享用生蛋拌飯皆可。這樣令顧客百嚐不厭的貼心設想，更是牢牢地抓住了顧客的心。

12 水果

飯後的甜點是時令水果與有益健康的牛蒡茶。讓顧客進入放鬆的氛
圍之中，為套餐拉下謝幕。

9 <
將這道可以說得上是主餐料
理的夏多布里昂燒烤料理，
擺在生菜之後供應。先以蔬
菜清除口中殘留餘味，就能
加倍突顯夏多布里昂的高價
值感。

10
11 <
配合料理享用進度而炊煮的
陶土鍋米飯，加上醬烤後腰
脊肉。將至今為止都是以鹽
巴調味的燒肉改用醬汁調
味，享受醬烤燒肉搭配米飯
的絕佳美味。

12 <
最後端上當季水果與牛蒡
茶，讓顧客享受一段平靜愜
意的時光。

令燒肉更顯美味的

「工具」的知識

PART Ⅲ

更有效地選購與使用
木炭的訣竅

在燒肉業界之中人氣牢不可拔的「炭火燒烤」。當我們想要引進做為炭火燒烤燃料使用的木炭時，必須要先能夠掌握木炭因種類與產地不同而產生的品質相異之處等基礎知識。在此訪問了木炭專家一些關於燒肉店內的木炭挑選，與更有效地活用木炭的訣竅。

炭火燒烤在燒烤店家中與瓦斯燒烤並列，有相當多的店舖都是採用炭火燒烤。

以輻射熱來燒烤肉品的炭火燒烤，可以使肉品受熱平均且深入內部，此外，滴落至木炭上面的肉品油脂所帶起的炭烤燻煙還能為肉品增添煙燻香氣，而這樣的調味效果更是炭火燒烤才有的一大魅力。

不過，木炭會根據種類的不同而產生火力、燃燒時間、性價比的優劣之差，為了要按照每間店鋪所使用的器具、客群、停留時間選購最合適的木炭，甚至是有效地使用木炭，就必須要具備一些基礎知識。

燒肉店主要使用的
備長炭與炭精的特徵

木炭分成了天然木炭與加壓成形木炭，這兩類木炭又各自分成了容易點火且容易提高火力的黑炭，以及火不容易在短時間點著，但火力可以長時間維持的白炭。而在燒肉業界中，除了使用最多的加壓成形木炭之外，在天然木炭的白炭之中品質尤為優良的備長炭也經常被使用。

精炭（オガ炭）是一種在木材的利用與再製過程中所產生出來的木屑，收集起來

壓縮成棒狀，再進行碳化的加壓成形木炭。由於天然木炭的供給量會受到產地的氣候等因素的影響而改變，因而在木炭的使用量比其他業界多上許多的燒肉業界中，能夠以比天然木炭還低的成本購得的加壓成形木炭成為最為廣泛使用的木炭。而近年來出現的日本國產高品質精炭，已在烤鰻魚老店中作為代替紀州備長炭使用的木炭等用途之上。

備長炭的賣點在於可以維持高火力的狀態下長時間燃燒，因而在售價上比加壓成形木炭還要高。然而，由於備長炭的規格

基準由業界團體自行訂定，也沒有相關罰則規定，所以目前冠上「備長炭」之名但未達其基準的商品也充斥在市面上。

更有效果且更經濟實惠地使用木炭的重點

最合適的木炭會因店鋪而有所不同。比方說，家庭客群較多的店鋪，就較適合能使用桌上型點火式烤爐的店鋪，或能較快點火的黑炭。這是因為若是烤網溫度上升速度過慢，便會令顧客久候而致使滿意度下滑。除此之外，在午餐時段等重視翻桌率的情況下，黑炭也是相當不錯的選擇。另一方面，白炭則是較適合顧客停留時間較

只要將精炭不留空隙地橫向擺放，減少與空氣接觸的面積，如此即便肉的油脂滴落下去，也不易有火竄上來。

長的店鋪。例如，先供應冷盤或單品料理給顧客下酒當下酒嚐，之後再供應使用烤網的燒肉料理作為下酒菜，這種狀況下，即便烤網的溫度要花費一些時間才能升溫，也不會令顧客感受到壓力。使用能夠長時間維持高溫的白炭，也可以免去更換木炭的工夫，整體流程也能更有效率。

為了要更有效地活用木炭，不單單是要在木炭種類的挑選上面下工夫，在木炭的使用方法也是有訣竅的。將木炭縱向擺放能夠讓木炭更快點火，但也會令燃燒時間縮短，橫向擺放雖會令木炭花費較多時間才能點火，但相對地燃燒時間也會拉長。

可以端看是要重視點火速度還是燃燒時間，自行改變木炭的擺放方法。此外，橫向擺放的時候，盡量讓木炭之間不要出現縫隙，火焰也會較不易往上竄。若是火焰往上竄而將肉燒焦所烤出來的味道，就會異於以炭火本身紅外線加熱的燒烤味道，為此，若是要燒烤內臟肉等脂肪含量較多的肉時，將木炭橫向擺放會是更為有效的活用方式。

由於燒肉店多半都會使用木炭，挑選方式與使用方式之間所帶來的少許差異，也有可能會導致成本出現相當大的差異。例如，在店內自行將長木炭裁切成短木炭，

以取代直接選購短木炭，有時就能夠節省一切總成本。此外，不一次使用超出需求的木炭量、不使用高品質的木炭維持火種用烤爐等，重新審視漏掉的小細節也是相當重要的一件事。

木炭作為燃料使用，所以也必須要考慮到穩定的貨源供給。由於產自海外的木炭比日本國產木炭成本更低，近年來來自中國、寮國、越南所進口的木炭也逐漸增多。然而，一些會將木炭和其他商品一起進口的進口代理商，有可能會出現不能精準掌握木炭種類或品質，又或者是一旦當地國家禁止木炭出口，就會無法確保其他的供給管道的情形。為了要更有效地活用木炭，從木炭的種類與品質開始，再到成本考量與供給管道最好都要留心，跟專門的業者詳談之後，再做出最適合自家店鋪的選擇。

—— 受訪者 ——

有限公司廣備
執行董事社長　渡邊雄介 先生

挑選排煙設備
就是在挑選製造商！

讓顧客自行烹烤的營運方式為主流的燒肉店。選擇一套不論是誰都能烤出美味燒肉的排煙設備，是提高店內價值的要素之一。此處將會跟專家請教正確挑選排煙設備的基礎知識。

下吸式燒肉桌或上吸式排煙管等「排煙設備」、瓦斯或木炭的「熱源」、格紋烤網或烤網架的「燒烤平面」等用具的挑選重點，都必須要選擇最適合自家店鋪的品項。特別是需要大規模動工的排煙設備，更是要謹慎小心不要挑錯。

燒肉店的排煙設備，分成了從排氣口將煙排到屋外的「通風管式」，以及自烤爐內部將煙和味道除去的「無通風管式」；亦可進一步分成將煙從上方吸除的「上吸式類型」，以及被稱為無煙燒肉桌的這種將排煙口內建在桌內的「下吸式類型」兩種類型。

那麼，在挑選時應該要以什麼為基準來挑選排煙設備呢？要選擇哪一種排煙設備雖然是各家店自行判斷，但是實際上有不少店家會根據燒烤出來的肉品美味程度而選擇使用上吸式排煙設備。這是因為當排煙管將煙自上方抽離時，燻煙會將肉品環繞，藉以發揮出「煙燻效果」。

實際上也有過這樣的例子，有一家燒肉店內分別設有上吸式排煙與下吸式排煙設備的桌席，但顧客預約訂位大多集中在上吸式排煙設備的桌席。我們可以從這樣的實例中察看到，排煙設備對燒烤風味所造成的影響，就連一般人也都能夠感覺得出來。

應選擇適合自家
店鋪風格的排煙設備

然而，就另一方面來說，營造出符合來店客群的環境氛圍，也是經營出一家生意興隆店鋪所不可或缺的要素。如果目標鎖定在商業招待取向或是女性顧客取向等較重視店內氛圍的客群，那麼下吸式無煙燒肉桌會是較佳的選擇。無煙燒肉桌的燒烤

分成上吸式排煙管（上方照片）與下吸式無煙燒肉桌（左方照片）。端看店家是將排煙設備視為燒肉的烹調工具或視為室內裝潢的一部分，根據優先重視事項的不同，也會得出不同的最佳選擇。

平面周圍設有排氣口，會從這些排氣口將煙抽離。雖然將煙抽離時會在肉品上間造成空氣流動，因而容易使肉品表面變得乾燥，但是燒肉業界中某家頂級的知名燒肉店為了最大限度地帶出肉品的美味程度，選擇訂製無煙燒肉桌。成功地在確保店內環境整潔的同時，也致力於提升品質。

在此再稍微多談談無通風管式排煙設備。無通風管的無煙燒肉桌內建的排煙機器會發熱，若是配置過多會令店內室溫變高。為此，較為推薦在空曠空間設置數台。

雖然光是通風管就有很多地方需要細細斟酌，但一開始還是希望大家能夠正確地挑選出符合自家店鋪風格的排煙設備類型。

安全營運下去，排煙設備的製造商就需要多加留心挑選。幾十年前曾經還有30家以上的製造商，現今已銳減至4～5家。

有不少案例顯示一旦製造商熄燈歇業，其機器設備便面臨無人可來維修保養的窘境，所以請務必事先謹記「挑選排煙設備就是在挑選製造商」。

此外，店內裝潢也有需要留意的重點。即便室內外裝潢得再時尚，若接受委託的不是熟知排煙設備供氣與排氣構造的業者，也可能設計成門扉過重或噪音引人耳鳴的惡劣環境也說不定。甚至也有可能會變成無煙燒肉桌發揮不了排煙的效果、空調完全失去作用的店鋪，因而希望一開始最優先規劃通風管與空調等設備的管線設置。

製造商與裝設業者的選擇皆是
安全營運的重要因素

燒肉店的投資額相當大。為此，有不少人為了要盡量壓低初期投資的花費，引進海外製造的低價排煙設備，或是自行組裝設備。但是，自行組裝的排煙設備引發火災等大型事故的可能性較高，最好還是在一開始就確實投資這些設備。

事實上，燒肉店引發火災的主要原因是排氣量不足與缺乏維修保養。排氣量不足時，熱度也會跟著吸進通風管裡面，進而引燃附著在通風管內的油汙。這便是為何必須要由能夠設計排氣量多寡的專家來施工的理由。此外，包含每天的清潔在內，業者定期的維修保養也是防範大型事故於未然的重要事項。

由於正式開店營業後，也必須要定期請業者前來進行維修保養，而為了使店鋪能

—— 受訪者 ——

東・產業股份有限公司
執行董事社長　河村直人 先生

快速地分切燒肉片！
引進切肉機的優點

近來餐飲店所面對的共通課題之一，就是人才不足。然而，即便是人數少的體制，也仍需要不懈怠於努力維持與提升商品的品質，並且提高顧客滿意度。

在燒肉店的作業流程之中也算是重體力勞動的便是肉品的分切作業。用刀子進行手工分切時，分切冷凍肉或肉質較硬的肉、進行大量肉品的支解對員工來說也是相當大的負擔，也有員工因而引發了肌腱炎。此外，必須聘僱分切肉品的料理職人也會令人事費用變高。於此時能夠大大發揮作用的便是切肉機。

任何人都能切出品質均等的成品，並且能夠快速供應

切肉機原本主要是用來分切生火腿、義大利香腸等加工肉品，義大利餐廳或酒吧較會引進。不過，由於切肉機的用途十分多元，供應肉品的丼飯專賣店等引進切肉機的店家漸漸變多。

不論是誰使用切肉機都能切出相同厚度的肉片，只要在事先處理階段先行分切，開門營業的時候便只需要直接燒烤或是盛盤，能夠快速地進行供應。而能夠以相同

厚度進行分切，也能令每盤盛裝的量不出現落差，也更易於價格計算。

燒肉店從以前就開始活用切肉機，分切冷凍牛舌和牛腹肉等肉品。可以用旋鈕進行1公釐～13公釐的厚度調整也是其優點之一。比方說，從火鍋式壽喜燒•燒烤式壽喜燒用的薄切肉片到牛排用肉，都能夠依照肉的部位、肉質，以及配合菜單的所需厚度自由地進行調整。只要按照肉品部位和菜單品項所需調整旋鈕的刻度，無論是誰進行操作都能夠以同等的厚度進行事先處理。

燒肉光是分切方法有所不同，就能夠令味道發生改變

燒肉光是分切方法有所不同，就能夠令味道發生改變。為此，必須要有料理職人熟練的技術，然而面對近來人才不足的狀況，並不容易聘僱到料理職人。此時，用來輔助肉品分切的切肉機便受到了矚目。在此便來向專家請教燒肉店引進切肉機的優點。

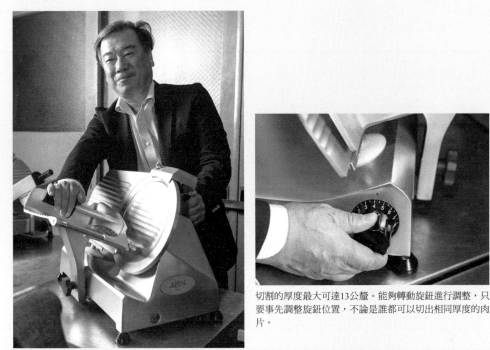

切割的厚度最大可達13公釐。能夠轉動旋鈕進行調整，只要事先調整旋鈕位置，不論是誰都可以切出相同厚度的肉片。

義大利製的手動式「ABM切肉機J-250」。鋁製本體無須分解清洗，所以每天的清潔保養十分簡單且衛生。

圓型刀刃上方組裝有研磨石，只要讓刀刃旋轉，就能輕易地把刀刃磨利。安全性也很高。

維修保養也很簡單
有效提高作業效率

切肉機分成了手動式與自動式類型。手動式切肉機是將肉放在置肉架上面，然後再手動地將置肉架向前推，讓肉抵在轉動著的圓形刀刃切下肉片；自動式切肉機則是連置肉架也能自動運作，能夠更快地進行肉片的分切。主要的差異在於切肉機的體積與切肉的速度。中小規模的店鋪往往廚房面積也會受到侷限，較為推薦機型較小型的型號。

切肉機的構造相當簡單，其優點不但在於使用方法相當簡單，在維修保養上也十分便捷。尤其是店面不寬敞的店家較廣泛引進的「ＡＢＭ切肉機J-250」（進口・田崎製作所），機身更是容易拭去髒污的鋁製品。由於組裝的零件較少，也無須拆開清洗，故而可以輕鬆地進行清潔保養。此外，其上面的圓形刀刃是德國製的特殊不鏽鋼材質，不易生鏽而耐用年數長。圓形刀刃的研磨保養也是按下一顆按鈕就可以簡單地將刀刃磨利。

近來因為人手不足，有不少店開始直接採購分切好的肉。不過，分切好的肉進貨價格也高，會壓迫到商品售價。此外，肉品的品質會自切面開始逐漸劣化，有時也會因而產生自切面品質上的問題。只要有一台切肉機，不僅能夠保持肉品的品質，同時也能提高生產。在初期投資上面雖會花費較大，但也因此不會壓迫到售價與人事費用，藉以落實確保營業利益。

—— 受訪者

田崎製作所股份有限公司
執行董事　田崎哲也　先生

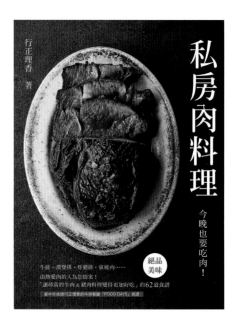

鮮嫩牛＋香軟豬　極品雙肉料理隆重登場
掌握烹調肉品美味關鍵
天天都能在家喝美酒、吃好肉！

每每去到大型超市，看到一整塊的肉卻望而卻步。
因為不知道正確的調理法，生怕浪費了上等的肉
塊。

其實肉類的調理技術並沒有想像中那麼困難。堅守
幾點處理肉類的原則，再活用家中烤箱烹烤，有時
候甚至可以在沙發上坐等美味料理出爐。了解牛、
豬的各個部位，加深對食材的認識與興趣，也能讓
之後的烹調過程更加輕鬆愉快。

私房肉料理　　19×25cm　　96 頁
彩色　　定價 350 元

練肌肉只能吃柴柴的雞胸肉嗎？
一直吃高蛋白覺得難以下嚥嗎？
主廚降臨，解救你的健身食譜！

健身食譜是近期飲食的主流，你也想把一身強壯的
肌肉鍛鍊成優美線條嗎？

為了鍛鍊肌肉，攝入「優質蛋白質」至關重要。本
書的「胺基酸評分表」，告訴你怎麼攝取高質量蛋
白質和必需的胺基酸。每道菜還詳細標示「熱量、
蛋白質、醣類」，讓你掌握飲食狀況。

更重要的是，每道菜都經過法式餐廳主廚的精心搭
配，可說是既營養又兼顧美味喔！

**運動主廚 X 營養師
高蛋白
增肌料理**　　18.×25.7cm　　120 頁
彩色　　定價 350 元

＊書籍定價以書本封底條碼為準＊
購書優惠服務請洽：
TEL｜02-29453191
Email｜e-order@rising-books.com.tw

鮮甜多汁的嫩烤牛肉──
牢牢抓住每一個饕客的胃！

「烤牛肉」一詞乍聽之下，似乎給人一種豪邁狂放
的印象，但其實，成功烹烤出鮮嫩多汁牛肉的過程，
是項需要反覆對烹烤、靜置牛肉的溫度與時間進行
小心控管的嚴實作業。

為了讓更多人品嚐到美味的烤牛肉，以及讓更多人
知道烹烤牛肉的技術，本書邀來 21 家知名餐廳主
廚，將數種較常被使用的、主廚自行研究改良的烤
牛肉手法，以圖文對照方式按步驟解說，並加上主
廚各自研發出來的佐醬配方分享，將一道道烤牛肉
料理，完整呈現在讀者面前！

名廚烤牛肉
極致技術＆
菜單

19×25.7cm　　152 頁
彩色　　定價 480 元

絕不失敗的「煎烤法」＆「燉煮法」大公開
一舉解決平常在廚房內要面對的疑問與煩惱
◆３１位大廚◆５５道經典食譜
從明天開始你也能成為肉料理專家！

從挑選食材開始，一直到保存方式、切法、加熱方
式與設備的挑選、加熱溫度與時間的調整……掌廚
時所需的基本技術與應用方法，以及人氣肉類料理
的製作訣竅，在書中應有盡有。想必會為您的烹肉
之路帶來更多收穫與嶄新的發現。

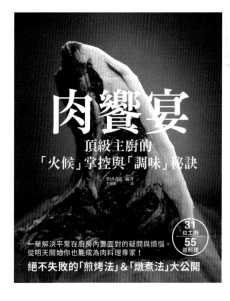

肉饗宴

21×25.7cm　　272 頁
彩色　　定價 880 元

瑞昇文化
http://www.rising-books.com.tw

TITLE

究極燒肉技術教本

STAFF

		ORIGINAL JAPANESE EDITION STAFF	
出版	瑞昇文化事業股份有限公司	デザイン	クレヨンズ
編著	旭屋出版編輯部	構成・編集	駒井麻子
譯者	黃美玉	取材	虻川実花
		編集	榎本総子
總編輯	郭湘齡		雨宮 響　戸田竜也　杉本恵子　鈴木雄三
文字編輯	徐承義　蕭妤秦　張聿雯	撮影	後藤弘行　曽我浩一郎（旭屋出版）
美術編輯	許菩真		
排版	菩薩蠻數位文化有限公司		
製版	印研科技有限公司		
印刷	桂林彩色印刷股份有限公司		

法律顧問	立勤國際法律事務所　黃沛聲律師
戶名	瑞昇文化事業股份有限公司
劃撥帳號	19598343
地址	新北市中和區景平路464巷2弄1-4號
電話	(02)2945-3191
傳真	(02)2945-3190
網址	www.rising-books.com.tw
Mail	deepblue@rising-books.com.tw

初版日期	2020年6月
定價	550元

國家圖書館出版品預行編目資料

究極燒肉技術教本 / 旭屋出版編輯部編
著；黃美玉譯. -- 初版. -- 新北市：瑞昇
文化, 2020.06
216面；18.2 X 25.7公分
ISBN 978-986-401-422-4(平裝)

1.肉類食物 2.烹飪

427.2　　　　　　　　　　109007194

KIWAMERU YAKINIKU NO GIJYUTSU
© ASAHIYA SHUPPAN 2019
Originally published in Japan in 2019 by ASAHIYA SHUPPAN CO.,LTD..
Chinese translation rights arranged through DAIKOUSHA INC.,KAWAGOE.